# 中华文化风采录

## 传统建筑艺术

# 精美的民居

倪青义 编著

北方妇女儿童出版社
·长春·

**图书在版编目(CIP)数据**

精美的民居 / 倪青义编著. —长春 ： 北方妇女儿
童出版社，2017.1
（传统建筑艺术）
ISBN 978-7-5585-0654-3

Ⅰ．①精… Ⅱ．①倪… Ⅲ．①民居－介绍－中国
Ⅳ．①K928.79

中国版本图书馆CIP数据核字(2016)第306356号

精美的民居
JING MEI DE MIN JU

| | | |
|---|---|---|
| 出 版 人 | 刘　刚 | |
| 策　　划 | 书　韬 | |
| 责任编辑 | 吴　桐　于佳佳 | |
| 开　　本 | 700mm×1000mm　1/16 | |
| 印　　张 | 6 | |
| 字　　数 | 48千字 | |
| 印　　刷 | 北京荣华世纪印刷有限公司 | |
| 版　　次 | 2017年4月第1版 | |
| 印　　次 | 2017年4月第1次印刷 | |

| | |
|---|---|
| 出　　版 | 北方妇女儿童出版社 |
| 发　　行 | 北方妇女儿童出版社 |
| 地　　址 | 长春市人民大街4646号 |
| | 邮　编：130021 |
| 电　　话 | 总编办：0431-85644803 |
| | 发行科：0431-85640624 |

定　　价　　19.80元

习近平总书记说："提高国家文化软实力，要努力展示中华文化独特魅力。在5000多年文明发展进程中，中华民族创造了博大精深的灿烂文化，要使中华民族最基本的文化基因与当代文化相适应，与现代社会相协调，以人们喜闻乐见、具有广泛参与性的方式推广开来，把跨越时空、超越国度、富有永恒魅力、具有当代价值的文化精神弘扬起来，把继承传统优秀文化又弘扬时代精神、立足本国又面向世界的当代中国文化创新成果传播出去。"

为此，党和政府十分重视优秀的先进的文化建设，特别是随着经济的腾飞，提出了中国文化复兴的伟大号召。当然，要实现中华文化伟大复兴，首先要站在传统文化前沿，薪火相传，一脉相承，弘扬和发展五千多年来优秀的、光明的、先进的、科学的、文明的和自豪的文化，融合古今中外一切文化精华，构建具有中国特色的现代民族文化，向世界和未来展示中华民族具有独特魅力的文化风采。

中华文化就是居住在中国地域内的中华民族及其祖先所创造的、为中华民族世世代代所继承发展的、具有鲜明民族特色而内涵博大精深的传统优良文化，历史十分悠久，流传非常广泛，在世界上拥有巨大的影响，是世界上唯一绵延不绝而从没中断的古老文化，并始终充满了生机与活力。

浩浩历史长河，熊熊文明薪火，中华文化源远流长，滚滚黄河、滔滔长江是最直接的源头，这两大文化浪涛经过千百年冲刷洗礼和不断交流、融合以及沉淀，最终形成了求同存异、兼收并蓄的辉煌灿烂的中华文明。

中华文化曾是东方文化的摇篮，也是推动整个世界始终发展的动力。早在500年前，中华文化催生了欧洲文艺复兴运动和地理大发现。在200年前，中华文化推动了欧洲启蒙运动和现代思想。中国四大发明先后传到西方，对于促进西方工业社会发展和形成，曾起到了重要作用。中国文化最具博大性和包容性，所以世界各国都已经掀起中国文化热。

中华文化的力量，已经深深熔铸到我们的生命力、创造力和凝聚力中，是我们民族的基因。中华民族的精神，也已深深植根于绵延数千年的优秀文化传统之中，是我们的精神家园。但是，当我们为中华文化而自豪时，也要正视其在近代衰微的历史。相对于五千年的灿烂文化来说，这仅仅是短暂的低潮，是喷薄前的力量积聚。

中国文化博大精深，是中华各族人民5000多年来创造、传承下来的物质文明和精神文明的总和，其内容包罗万象，浩若星汉，具有很强的文化纵深感，蕴含丰富的宝藏。传承和弘扬优秀民族文化传统，保护民族文化遗产，已经受到社会各界重视。这不但对中华民族复兴大业具有深远意义，而且对人类文化多样性保护也是重要贡献。

特别是我国经过伟大的改革开放，已经开始崛起与复兴。但文化是立国之根，大国崛起最终体现在文化的繁荣发达上。特别是当今我国的大国和平崛起之路，必然也是我国文化实现伟大复兴的过程。随着中国文化的软实力增强，能够有力提升我们融入世界的步伐，推动我们为人类进步做出最大贡献。

为此，在有关部门和专家指导下，我们搜集整理了大量古今资料和最新研究成果，特别编撰了本套作品。主要包括传统建筑艺术、千秋圣殿奇观、历来古景风采、古老历史遗产、昔日瑰宝工艺、绝美自然风景、丰富民俗文化、美好生活品质、国粹书画魅力、浩翰经典宝库等，充分显示了中华民族厚重的文化底蕴和强大的民族凝聚力，具有极强的系统性、广博性和规模性。

本套作品全景展现，纵横捭阖，故事讲述，语言通俗，图文并茂，形象直观，古风古雅，格调温馨，具有很强的可读性、欣赏性和知识性，能够让广大读者全面触摸和感受中国文化的内涵与魅力，增强民族自尊心和文化自豪感，并能很好地继承和弘扬中国文化，创造未来中国特色的先进民族文化，引领中华民族走向伟大复兴，在未来世界的舞台上，在中华复兴的绚丽梦乡，展现出具有龙飞凤舞的独特魅力。

# 东方古城堡——福建土楼

# 塔楼式建筑——开平碉楼

## 窑洞式房屋——陕北窑洞

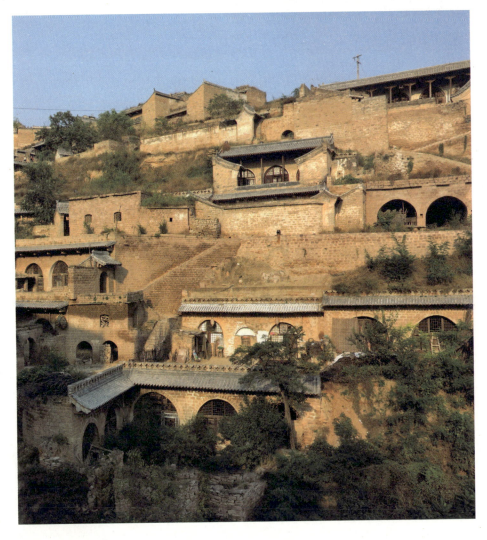

福建土楼，产生于宋元时期，经过明、清和20世纪初期的逐渐成熟，一直延续至今。它是东方文明的一颗明珠，因其为福建客家人所建，因此又称"客家土楼"。

福建土楼以历史悠久、种类繁多、规模宏大、结构奇巧、功能齐全、内涵丰富而著称，具有极高的历史、艺术和科学价值，被誉为"东方古城堡""世界建筑奇葩"。

福建土楼是世界独一无二的大型民居形式，被称为中国传统民居的瑰宝。

东方古城堡

# 福建土楼

# 迁徙而来的客家人

公元前221年，秦始皇统一中国后，为了政治和军事的需要，他派兵60万"南征百越"。南下的秦军，从福建、江西和广东边境入抵广东的揭阳山，直抵广东省的兴宁、海丰两县。

公元前214年，秦始皇再次派兵50万"南戍五岭"，平定岭南后，他设立了龙川县，由平定岭南的副将赵佗任龙川县令。之后，赵佗又主持南海郡事。

■ 秦始皇 （前259年～前210年），嬴姓赵氏，故又称赵政，生于赵国首都邯郸。他是我国历史上著名的政治家、改革家、战略家、军事统帅。他是首位完成中国统一的秦朝的开国皇帝。

公元前204年，为了防止中原战乱祸及岭南，赵佗在岭南建立了南越国，并自封为南越武王。赵佗在任龙川县令和建立南越国时，为岭南的开发作出了不朽的贡献。

他带来了中原文化，改变了岭南百越人过去野蛮落后的风俗。他施行"与越杂居""和集百越"的政策，促进了中原汉人与百越各民族的融合。

赵佗还将几十万军队留驻在岭南，成为南迁到此地的第一批北方移民。当地人称这些南迁到此的中原汉人为客家人，以此来区别这里原有的居民。

赵佗在任龙川县令时，为解决驻在这里的将士兵卒的缝补浆洗问题上书朝廷，要求拨3000名北方妇女到此，结果朝廷拨给了5000名。

于是，朝廷拨给的妇女和留驻在这里的将士兵卒

■ 赵佗（约前240年~前137年），汉族，秦朝恒山郡真定县（今中国河北省正定县）人，秦朝著名将领，南越国创建者。赵佗是南越国第一代王和皇帝，前203年至前137年在位，号称"南越武王"或"南越武帝"。

**百越** 是我国古代南方越人的总称，分布在浙、闽、粤、桂等地，因其部落众多，故总称为"百越"。越，即粤，古代粤和越通用，也指百越居住的地方，也叫"百粤""诸越"。

精美的民居

■ 黄巢（820年~884年），是唐末农民起义领袖，由他领导的大起义摧毁了腐朽的李唐王朝，为社会由分裂向统一过渡准备了条件，从而推动历史继续向前发展。

五胡乱华 是我国东晋时期，塞北多个胡人的游牧部落联盟趁中原西晋王朝衰弱空虚之际，大规模南下建立胡人国家而造成的与中华正统政权对峙的时期。"五胡"指匈奴、鲜卑、羯、羌、氐5个胡人的游牧部落联盟。

组成了家庭，成了这里最早的客家先民。

至西晋时期，发生了"八王之乱"，继而又爆发了人民反晋王朝的斗争，这大大动摇了西晋王朝的统治。这时北方的匈奴、鲜卑、羯和氐等少数民族乘虚而入，当时人们称这些少数民族的人为胡人。

这些胡人各自据地为王，相互争战不休，使中原陷入"五胡乱华"的动荡局面。

西晋王朝灭亡后，中原成了胡人的天下，他们把农田用来放牧牛羊，抢掠汉人来做奴隶。不堪奴役的汉人又一次大举南迁，这股潮流此起彼伏，持续了170多年，迁移人口达一两百万之多。

至唐朝"安史之乱"后，国势由盛而衰，出现藩镇割据的局面。加之中原灾荒连年，官府敲诈盘剥，民不聊生，许多城乡烟火断绝，一片萧条。

不久，就爆发了先后由王仙芝、黄巢领导的农民起义。起义军驰骋中原，辗转大江南北十多省。这些地方正是第一次南迁汉民分布的地域。

战乱所及，唯有江西南部、福建西部和广东东北还是一块平静之地，于是，这些客家先民，也就是第一次南迁到此的汉民中的大部分，又南迁到了这些地带定居。

根据《客家族谱》记载，这时期的移民，避居福建宁化石壁洞者也不少。这次南迁，延续至唐后的五代时期，历时90余年。

北宋都城开封，于1127年被金兵攻占后，宋高宗南渡，在临安，也就是杭州称帝，建立南宋王朝。当时随高宗一起渡江南迁的臣民达百万之众。

元人入侵中原后，强占民田，推行奴隶制。处于黄河流域的汉族人民，为躲避战乱，再一次渡江南迁。随后由于元兵向南进逼，江西、福建和广东交界处，成了宋、元双方攻守的战场。

王仙芝 唐末农民起义领袖。濮州人，贩私盐时奔走各地，为抗拒官府查缉，练功习武。攻郓州，袭沂州，推动农民反抗斗争迅猛发展，到十一月，农民起义军"剽掠十余州，至于淮南，多者千余人，少者数百人。在黄梅，王仙芝义军被曾元裕包围，经过激战，义军5万余人英勇牺牲，在突围中王仙芝不幸战死。

■ 福建南靖土楼

**福佬民系** 福佬民系是古闽越后裔融合于汉族的一支，其文化特质既有别于作为南越遗裔的广府民系，更与自称为中原汉族世胄的客家民系迥异，具有丰富的风俗文化内涵，而且对东南亚诸岛土著文化产生过显著影响，有着广东风俗文化的一个重要群落。

■ 土楼建筑群

早先迁入此地的客家人，为寻求安宁的环境，又继续南迁，进入广东省东部的梅州和惠州一带。因为这时户籍有"主""客"之分，移民入籍者皆编入"客籍"。而"客籍人"遂自称为"客家人"。

对福建地区而言，从308年起，中原汉人开始大规模进入，主要有林、陈、黄、郑、詹、邱、何和胡八姓。进入福建的中原移民与当地居民相互融合，形成了以闽南话为特征的福佬民系；辗转迁徙后经江西赣州进入福建省西部山区的中原汉人则构成福建另一支重要民系，也就是以客家话为特征的客家民系。

福建省永定县是纯客家县，这里的人绝大多数是南宋、元、明三代，特别是元末明初从宁化石壁村一带辗转迁徙，最后到永定境内定居的客家人。

客家人勤劳又勇敢，适应能力强，他们饱尝饥荒战乱、流离失所之苦，来到了这片蛮荒之地，为了生

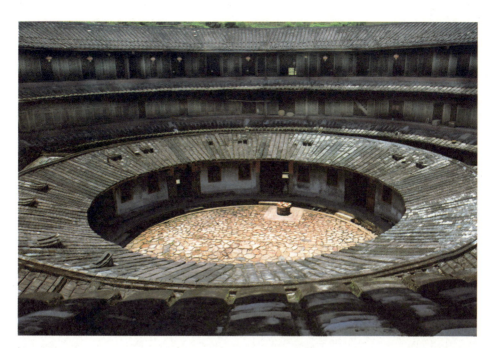

■ 集防卫与居住为
一体的福建土楼

存与发展，他们一方面披荆斩棘，开荒垦殖，一方面建筑遮阳避雨的栖身之所。

他们凭着灵巧有力的双手，用山区盛产的竹、木、茅草、泥土和石块等搭盖起简陋低矮的竹篱茅屋，既防风避雨，又抵暑御寒，在此建家立业，虽远离战乱的中原，但他们对战争仍心有余悸。

战争提升了他们的防卫心理，又因为朝政腐败、社会动乱、群盗流窜，迫使分散在群山之中的客家人聚集而居，联合防卫外敌。而这样的居所最起码要有相当大的空间，足以容纳整个家族并具有相当强大的防卫功能。

永定随处都有的木材和生土，为这些客家人建造既能防卫又能居住的住所提供了条件。于是，他们就地取材，运用中原古代的版筑技术，仿照军事用途的土城土堡，在定居地夯筑土墙，建筑土堡、土围，在

客家民系 是中华民族中汉族的一个支系，客家民系最集中的地区是江西南部、福建西部、广东东北部交界的三角地区，这三角地区被称为客家大本营。客家民系是两支源流汇合而成的。一支源流是南迁汉族，在客家民系的源流汇合中处于主导地位；另一支是当地的土著。

■ 福建永定土楼

**永定土楼** 位于我国东南沿海的福建省龙岩市，是世界上独一无二的神奇的山区民居建筑，是我国古建筑的一朵奇葩。它历史悠久、风格独特，规模宏大、结构精巧。土楼分方形和圆形两种。龙岩地区共有著名的圆楼360座，著名的方楼4000多座。

当时人们称之为"土寨"。这些堡、寨已不是原来的军事建筑，而是军事用途与居宅合一的新型建筑，是后来永定土楼产生的基础。

随着生土夯墙技艺的进步，兼作围护和承重的外墙基部的厚度逐渐控制在1.5米以内，墙高则达到10米以上可建造三四层，再结合木构架，能够用比堡寨小得多的地盘获得更大的居住使用空间。

建筑结构和形制发生相应的变化，促使"堡宅合一"逐步演进为具有坚固、防卫等优点的多层居宅。被后人称为"永定土楼"的民居就这样诞生了。

由"堡宅合一"逐步演化而来的这一时期的土楼都有一些明显的共同点，即都是方形土楼，四向外墙既作为护围，又具承重作用。沿外墙内侧，运用抬梁式木构架与外墙共同构成房间，房间朝向楼内天井，房间外的回廊及二层以上的走廊为贯通全楼的通道。

土楼的土墙没有石基，底层墙厚1.7米至2米，房间都比较狭小，外墙一二层都不开窗，三层以上开极狭小的窗，全楼只开一座通向楼外的大门，大门用木框。土楼内几乎无装饰，屋顶为悬山式两坡瓦顶。

这时期的土楼，在建筑结构、施工技术、立面造型等方面，就已显示出独特的风貌。

这一时期的永定土楼均建于元代至明代中叶。如建于元代奥杳日应楼和高头振兴楼，建于明代的洪坑崇裕楼、五云楼、洪坑南昌楼和古竹大旧德楼。

## 阅读链接

福建华安各地的土楼是典型的福佬民系土楼。封建社会是以土地私有为条件，人口增加必然向外拓展，开辟新的领地，有的是以家族为单元，举族而迁。

为了拥有生存空间，适应新的生产、生活和防卫要求，需要一种既能适应家族共同居住条件。于是，福佬民系的世族早期从福建北部、福建中部向福建南部迁徙，他们选择适合当地特殊地理条件，就地取材，建筑土堡、兵寨，并在土寨形式演化下，逐步过渡到土楼的建筑形式。

17世纪中叶至20世纪，随着海口开放、对外经济交流的发展，闽南地区经济有了重要进步，福佬民系世族经过十多代人的耕耘，家族人口急剧增加，居民对住宅的要求更加迫切。

为了维护家族的共同利益，几十人或几百人聚族而居，以适应家族的兴旺，居住的安全，模仿兵寨建筑的圆形、方形和府第式等丰富多彩的土楼应运而生。

从记载时间看，华安至今保存完好的68座土楼都是这一时期的历史演变而建筑的。

# 圆形土楼的出现

　　1478年，福建省永定建县，大大提高了永定的政治地位，给经济和文化的发展创造了有利条件。不长时间之后，客家人崇尚读书之风得到了发扬；另一方面，菲律宾的烟草从福建省漳州市传入永定，促使永定人种植烟草，提高了人们的经济水平。

■ 清高宗爱新觉罗·弘历 （1711年~1799年），清朝第六位皇帝，定都北京后第四位皇帝。年号乾隆，寓意"天道昌隆"。25岁登基，在位六十年，退位后当了三年太上皇，实际掌握最高权力长达六十三年零四个月，是中国历史上执政时间最长、年寿最高的皇帝。乾隆帝在位期间平定大小和卓叛乱，巩固多民族国家的发展，六次下江南，文治武功兼修。并且当时文化、经济、手工业都是极盛时代，他为发展清朝康乾盛世局面做出了重要贡献，确为一代有为之君。

清康熙、乾隆年间，社会比较安定，得天独厚的自然地理环境和先进的栽培和加工技术，使"永定晒烟"独著于天下，本省各处及各省虽有晒烟，制成丝，色味皆不及，永定条丝烟荣获"烟魁"之誉，销路日广。

自清代中叶至民国初期近200年间，永定条丝烟风行全国甚至海外，给永定人带来走南闯北、大开眼界的机缘，更带来了滚滚财源，造就了许许多多大小的富翁。

由此带动了各行各业的发展，居民经济收入和生活水平普遍得到提高。正是由于具有这样的政治、经济和文化背景，土楼建筑进入了鼎盛时期，全县大小土楼群体遍地开花。

随着土楼建造数量激增和宅居质量要求日高，土楼建筑工艺步入成熟期。土墙从无石基进步到有石基，夯土版筑技术臻于炉火纯青，墙体厚度与高度之比已达极限，并创造出最富魅力的新造型，即圆形土

康熙（1654年~1722年），清圣祖仁皇帝爱新觉罗·玄烨的年号，他是清朝第四位皇帝、清定都北京后第二位皇帝。谥号合天弘运文武睿哲恭俭宽裕孝敬诚信功德大成仁皇帝。他在位61年，是我国历史上在位时间最长的皇帝。他是我国统一的多民族国家的捍卫者，奠下了清朝兴盛的根基，开创出康乾盛世的大局面。

■ 东歪西斜裕昌楼

楼，形成了包括方形、圆形、府第式和混合式等造型的土楼。

建于元末明初的裕昌楼，位于福建漳州市书洋乡下板寮村。在书洋乡下板寮的大山里，自古全是幽幽老林，偏僻边远，少有兵荒马乱，因此，这里便成了山里人安居乐业的世外桃源。

然而，山深林密，常有虎豹豺狼横行。为了生存和发展，同在山间蛰居的刘、罗、张、唐、范姓族人，共商合建高楼聚居。他们规定楼内分为5个单元，设5道楼梯，由每个姓氏出资各建一个单元。

建楼统一规划，泥水匠和木匠统一后由各姓人家轮流供饭和照料，山区人建土楼并非一两年方可竣工，主人对待师傅便有如自家人一样。时日久了，便不如初时那么细心周到了。

有一天，就在两家交接供饭的那个傍晚，山里出

纸钱 有两种解释，一种解释即与古代的铜钱相对应，指纸制的钱币，最早的纸币是我国的交子；另一种说法是指烧给死去人的一些仿造的纸币，也称作"冥币"，这种烧纸钱的习俗来自东汉，后流传至今。现多用后一种解释。

现寒流，冻得人们手脚发麻。那时，供完一轮饭的一家，以为没事，便安心早睡，另一家准备明日早起煮饭，也天一黑就钻入被窝入睡了。

谁知，冷得难以入眠的几位木匠师傅，干脆披上衣裳到工地挥斧舞刨加班干活取暖。他们本想主人会送来热腾腾的夜宵，不料时过半夜仍没见动静。

这时，饥肠辘辘的师傅们便有了些埋怨，便分工匆匆锯了几个榫头，凿了几个榫眼，便叹息着钻入了冰冷的被窝里。

不知是木匠师傅夜里饿得精神差，还是有意作弄，加班做出来的榫头都太小、榫眼都太大，凑起来便都松松垮垮的。到了立柱架梁时，他们便一根一根凑上去，一时也看不出有什么异样。

后来，当楼建到了第七层，瓦片还没有盖完时，一群外乡人到楼后山上扫墓祭祖，燃放了不少鞭炮，又烧了许多纸钱，忽然刮来一阵风，引火烧掉了七楼

榫头 指器物两边分别利用凹凸相接的凸出的部分，凹下去的地方称为榫眼。剡木入窍也，俗谓之"榫头""笋头"。在我国古代木艺大多采用榫接方式。若榫接得当，两块木结构之间就能严密扣合，达到"天衣无缝"的程度。

■ 梁、柱都歪斜的裕昌楼

椽子和木柱，盖上去的瓦片也全塌落破碎。

火熄灭后，楼主人都嫌七楼晦气，于是，决定连六楼一起拆掉，就在五楼重新盖瓦，并在楼内又盖了一座厅堂和一圈平房，祈盼"楼包厝代代富，厝外楼子孙贤"。

5层圆楼盖顶后，还要等墙体基本干透，才能铺松木楼板，隔各户房间，一般要等过一两年。这期间，新楼空荡荡，少有人管。

不知过了多久，土墙干得很坚实，而椽、梁、柱都全都变得歪歪斜斜，似有倾倒散架倒落的危险。

这时，木匠师傅领完工钱早已回家去了，主人干瞪眼，谁也说不出怎么会歪斜的所以然来，大家七嘴八舌地议论，多数人认为是哪一家对木匠照料不周，加上拆除六七两层的震动所致。那交接供饭的两户人家忽然想起那个寒夜，好不后悔，都很自责，让大家

椽 装于屋顶以支持屋顶盖材料的木杆。古代的椽子是以木刨成圆柱形装配于檐底，使单调平淡的檐底增加立体和华实的视觉感。在每条上椽的顶端都雕以万字彩画，下椽顶端则雕以弯月形彩画。

精美的民居

■福建圆形土楼

汲取教训。又过了一年，见楼内的椽、梁、柱全都坚实牢靠，楼身都没歪，各姓人家便开始在各自单元隔间抹壁安装门窗，并陆续入楼居住，新楼便变得热闹起来了。

不久后有个傍晚，忽有一只老虎进入楼来，在楼下回廊走了一圈，又慢慢爬上二楼回廊走了一圈，才不声不响从后窗跳出去，始终不发虎威，不伤人畜。

说来也怪，老虎跳出楼外，却撑起前脚坐在山坡，细细看过圆楼后才轻轻吼了一声。

这一声，楼里人都听得分明，刘姓人家说，这是叫"好"声，为建楼祝贺，好事，而其余四姓人家却说，老虎入楼，有一次就会有两三次，日后定凶多吉少。

不久，罗、张、唐和范四姓人家一怕虎凶，二怕楼垮，便贱价把各自的单元房间卖给了刘家，自己迁往他乡定居去。

刘家置了全座圆楼后，对歪歪斜斜的梁柱进行认真观察研究，得出由于梁柱的相依、相靠、相接、相连才散不了，垮不倒。

■ 福建圆形土楼

精美的民居

**五行** 是我国古代的一种物质观。广泛地用于哲学、中医学和占卜方面。五行指金、水、木、火、土。认为大自然由5种要素所构成，随着这5个要素的盛衰，而使得大自然产生变化，不但影响到人的命运，同时也使宇宙万物循环不已。

于是这奇妙的歪斜，便成了楼里人齐心创新业、和和睦睦过日子的一面镜子，并在楼门贴上"裕及后昆克勤克俭成伟业，德承先世维忠维孝是良规"的对联作为楼训。还给圆楼取了寓意富裕昌盛的楼名"裕昌楼"，祈望子孙兴旺发达。

一年又一年，这良规楼训、梁柱哲理一直鼓舞着楼里人克勤克俭、有志有力、齐心成伟业。后来，这楼也有了另一个独特的名字——"东歪西斜楼"。

楼为五层结构，每层有54间大小相同的斧状房间，底层为厨房，家家厨房有一口深1米，宽0.5米的水井，井水清净甘甜，拿起瓢子伸手即可打水。

楼内天井中心建有单层圆形祖堂，祖堂前面天井用卵石铺成大圆圈等分5格，代表金、木、水、火、土五行。

土楼从无石基到有石基有一个过渡期，其间或为半石基土墙，即其石基不高出地面，或沿墙根1米高左右加罩石裙遮护。如大约建于1530年的高东永固楼，其前后四面墙都有半石基。

大概到了明末清初，由于水患频发，乾隆《永定县志》记载："永定置县1478年至1618年间，共发生特别严重的水灾6次，冲毁房屋，溺死人畜无数。"为了更好地保护土墙，才普遍采用石基。有了石基，土楼防洪抗潮能力大大增强。

土楼从方形到圆形是永定土楼建筑的创造性发展。高头承启楼是规模最大、环数最多、居民最多的圆楼，被誉为"圆楼之王"。此后，在永定东南部的古竹、高头、湖坑镇、大溪镇、岐岭镇和下洋镇等，圆楼如雨后春笋般拔地而起。

承启楼坐落在福建省永定县高头乡高北村，依山傍水，面前是一片开阔的田野。这里有数十座大大小

**湖坑镇** 湖坑镇位于福建省龙岩市永定东南部。明、清时属金丰里，民国时称湖山联保，设中金区、第四区。建国后称南溪区、上金区、第三区。这里讲客家方言，是著名的土楼旅游区、侨台区、边区、老区。1999年被福建省定为"历史文化名镇"。

■福建永定承启楼

小、或圆或方的土楼，错落有致高低起伏，组成了一幅色彩斑斓的土楼画卷。

承启楼从明代崇祯年间破土奠基，至清代1709年竣工，3代人经过83年的努力奋斗，终于建成这座巨大的江姓家族之城。

相传在建造过程中，凡是夯墙时间均为晴天，直至下墙枋出水后，天才下雨，承启楼人有感于老天相助，所以又把承启楼称作"天助楼"。承启楼坐北朝南，总占地面积5376.17平方米，楼体直径73米，全楼由4个同心圆环形建筑组成。

第一环承重土墙底层厚1.5米，至第四层土墙厚0.9米，楼高12.4米，分4层，每层又分72个开间。第二环高两层，每层40个房间。

第三环为一层平房，共32个房间。第四环为祖堂，是单层，共两间，比第三环略低。全楼呈现外高内低、逐环递减的样貌，形成错落有致的建筑层次。

这一时期还出现许多扬名中外的土楼杰作，有建于清康熙末年的

承启楼内部建筑

古竹五实楼、建于清雍正年间的坎市燕诒楼、建于1750年的业兴楼、建于1834年的洪坑奎聚楼、建于1835年的高陂裕隆楼、建于1838年的抚市永豪楼、建于1850年的遗经楼、建于

湖坑环极楼

1875年的永隆昌楼群、建于1880年的福裕楼、建于1886年的峰市华萼楼等。圆楼有湖坑环极楼、古竹深远楼和南溪衍香楼等。

**阅读链接**

五福楼位于福建省永定县大溪乡太联村。

相传明正德年间，永定湖余氏出了一位品貌出众的姑娘。姑娘小时候孤苦凄惨。一场灾难，父母双亡，留下姐弟两人相依为命。16岁时，余氏姑娘被举入宫，入宫即被选为贵妃，其亲弟自然成了国舅爷。

过了几年，贵妃想念弟弟，皇上降旨召国舅爷入宫。尽管国舅爷对锦衣玉食十分满意，但毕竟久居山野，对宫中的繁文缛节甚为不惯，对宫中的丝竹管弦也不感兴趣，遂告辞还乡。

然而，国舅爷又对皇宫非常留恋，出得宫门后频频回首，一副欲言又止的样子。

皇上问其缘由，他回答说家中房屋矮小，没有京城宫殿那般高大雄伟、金碧辉煌，想想回去以后再也看不到这样的宫殿了，因此想多看几眼一饱眼福。

皇上听后，特恩准他回乡后可以兴建高楼深宅。这位国舅爷回到永定，果真建起了高大雄伟、宽敞明亮的五福楼。

# 兄弟共建振成楼

　　太平天国时期，福建省永定县洪坑村林氏家族的第十九代人林在亭生有3个儿子，长子名德山，次子名仲山，三子名仁山。为避战乱，林在亭率三子到永定抚市镇的亲友家居住，并在这里刻苦学习打烟刀的手艺。

　　早在北宋年间，烟草便由菲律宾传入我国，时称瑞草，很快从广

■ 振成楼远景

■ 永定土楼振成楼

东南雄引进到了永定，随即成为永定经济收入的重要来源。

林氏三兄弟看准了这个时机，他们抓住机遇，回家乡洪坑自行经营，以3个银元起家，办起了第一家烟刀厂，字号"日升"。

三兄弟肯吃苦，讲信用，经营有方，3年里先后在邻村创办了十多个厂。老大负责在各厂检验质量，老二负责采购，老三负责推销。

由于"日升"号烟刀工艺独特，价廉物美，产品畅销全国。三兄弟在广州和上海等城市设点推销，经过多年艰苦创业，终于成为乡里首屈一指的大富翁。

三兄弟致富后，四处修桥、筑路、建凉亭、办学校，为乡邻做了不少公益事业，振福楼就是他们兄弟三人出资兴建的。

兄弟三人又花了20万大洋建造一座府第式的方形

瑞草 古时，"瑞草"为茶的别称，寓意吉祥，瑞草吐芬芳。早在北宋年间，我国就从菲律宾引进烟草，当时就称"瑞草"，后从南雄地区引进永定县，又称南雄烟，那时烟草就成为该区经济收入的重要来源。

■ 永定土楼内景

土楼，即福裕楼。按高中低三落、左中右三门三格布局，兄弟既可共居一楼，又可各自成一单元。

兄弟们事业发达，首先想到的是教育事业，因为当时农村落后，前后村都无学校。

兄弟三人分家后，老二仲山便在洪坑村口独资兴建了一所光汉学校，受到村民的称赞。

1903年，老三仁山在洪坑村头又独资兴建了一所古色古香、中西合璧式学校，也就是日新学堂，当时汀州府府太爷张星炳为学堂题字"林氏蒙学堂"。

学堂门上的对联是：

训蒙心存爱国，为学志在新民。

张星炳 字叙墀，号粤生，河南固始人，光绪六年进士，翰林。1897年任汀州知府。1904年创办汀郡中学堂，并兼任总办官。他常到校巡视，勉励学生，以宏教育。在汀州10年为官，严饬吏治，爱民如子，政声卓异。据说，福裕楼就是由他设计的。

之后老大和老二相继去世。1909年，老三仁山开始筹划兴建一座圆土楼，但是选定为楼址的土地，他只有一半的产权，另一半是他一个侄儿的，建楼的事就几度搁了下来。

1912年，老三仁山在未能建成圆楼的遗憾中离开了人世。老三仁山次子林鸿超，又名逊之，是清末时期的秀才，他一生研究易经，琴棋书画，无所不通。

为了继承父志，林鸿超亲自设计并邀集了叔伯数兄弟合资共建振成楼，历时5年，花费8万光洋，终于大功告成。振成楼的楼名是纪念上代祖宗富成公、丕振公父子而命名的。

走近振成楼，便可以看到门楣上有石刻的3个苍劲大字——"振成楼"，楼门联是"振纲立纪，成德达才"。

振成楼是一座八卦形的同圆心内外两环的土楼。外环四层高16米，一共有184个房间，内环两层，有32个房间。外环以标准八卦图式分为八卦即八大单元，一卦设有一部楼梯，从一层通向四层。

每卦之间筑青砖隔火墙分开，但有拱门相通，如果关起门来，便自成院落，互不干扰，开门则全楼贯通，连成整体。

走过振成楼的楼门厅，面前是二层的内环楼，门楣上刻着"里堂观型"4个字，出自当年北洋政府总统黎元洪的手笔，意为"乡邻学习效仿的楷模"。楼主林鸿超在1913年做了北洋政府的参议员，曾与黎元

**八卦图** 即为表示八卦方位的图形符号。八卦符号通常与太极图搭配出现，代表我国传统信仰的终极真理，即"道"。八卦图衍生自我国古代的《河图》与《洛书》，传为伏羲所作。其中《河图》演化为先天八卦，《洛书》演化为后天八卦。

■ 振成楼

永定土楼内景

精美的民居

**德辉楼** 位于我国福建省永定县下洋镇，是小型的3层方楼。至今保存完好。方楼内院中设置精致的围墙和厅廊，在方楼的中轴线上形成两个尺度宜人的小天井，空间既分隔又流通。这个方楼并非标准的方形，其正面的宽度比背面窄10多厘米，前窄后宽使整个平面微呈倒梯形，形如收谷子的簸箕。

洪共事，振成楼落成时黎元洪特地赠匾褒奖。

穿过两环两重大门，便是全楼的核心：祖堂。这个宽敞明亮的祖堂大厅，像是一个现代化的多功能大厅，可供全楼人婚丧喜庆、聚会议事、接待宾客以及演戏观戏。

正门两边耸立4根圆形大石柱，象征灵魂接天的意思，屋顶呈三角形，酷似古希腊的雅典神庙。每根石柱高7米，周长1.5米，重达5吨，当时没有机械作业，全靠人工运进楼内并架构起来，实在令人叹服。

内、外环楼的东西两侧，各有一口水井，恰好位于八卦的阴阳两极上。

东边水井处于阳极，相传建楼的初期，不少人常喝此井之水，后来都成了工匠师傅，故称为"智慧井"。

西边水井在阴极，水质清洌，犹如一面镜子，喝入口中则清爽甘甜，据说常饮此水会使皮肤娇嫩，头发变得更黑更亮，所以叫作"美容井"。

令人称奇的是，两井之间距离不过30米，同处一个水平面，水温、水位和水的清澈度却明显不同。当然你如果来到这里，最好两口井的水都喝它几口，熊掌与鱼得兼，没有比这更美的事情了。

楼里的镂空屏门、门上的木雕、螺旋形的铁栏杆，精致典雅，每一处都是完美的艺术品。楼里还有20多副楹联，其中后厅有一副脍炙人口的长联：

振作那有闲时，少时、壮时、老年时，时时需努力；
成名原非易事，家事、国事、天下事，事事要关心。

振成楼吸收了西洋建筑技术与风格，为土楼建筑艺术开辟一个新境界，使之成为中西合璧的精品。在这一时期还有很多海外侨胞回乡兴建土楼，如德辉楼、永康楼和虎豹别墅等，都是各具特色的杰作。

**阅读链接**

形状独特的客家土楼，曾经被误为核弹发射井。

1985年的一天，美国总统看到一份秘密报告：根据每天7次通过中国上空的KN22卫星报告，在我国福建省西南部的6000平方千米范围内有数千座不明性质建筑物，呈巨型蘑菇状，与核装置极为相似，这里很可能是一个大得无法想象的核基地。

美国总统曾派情报人员贝克以摄影家的身份潜入永定乡村，进行实地拍照，才发现漫山遍野的"核基地"只不过是普通的客家土楼。

返回美国后，贝克写了一份报告，在报告中他写道："在中国福建省西南部3001平方千米的范围内，发现有1130多座各种类型的土楼，这是客家人居住的地方。有圆、方、伞形等形状，每座占地1000平方米左右，一般为三五层，十分坚固。从高角度俯视，往往被认为是有特殊用途的建筑，产生误解。"

# 世界遗产的土楼群

田螺坑土楼群位于福建省南靖县西部的书洋上坂村田螺坑村，为黄氏家族聚居地。田螺坑村因地形像田螺，四周又群山高耸，中间地形低洼，形似坑而得名。

■ 步云楼 田螺坑第一座土楼步云楼，是一座方形的土楼，内通廊式土木结构，占地面积906平方米，建筑面积1311平方米，高3层，每层26个房间，全楼78间，有4部楼梯。取名步云，寓意子孙后代从此发迹，步步高升，青云直上。

田螺坑土楼群的精美建筑组合，构成人文与自然巧妙之成的绝景。从远处眺望，它更像一朵绽开的梅花。5座土楼，依山附势，高低起伏，错落有致。它们与邻近的层层梯田呼应，叹为观止，成为后来南靖土楼的经典。

步云楼位于田螺坑土楼群的中部，为方形土楼，是黄氏第十二世黄启麟于1662年至1672年间所建。它是田螺坑的第一座土楼，位于"梅花"花心部位。土楼坐东北朝西南，楼高3层，每层26间，土木结构，内通廊式，承重墙以生土为主要原料。

土楼取名步云，寓意子孙后代从此发迹，读书中举，仕途步步高升、青云直上。后来，步云楼不幸在1936年被烧毁，又于1953年在旧址上重建。

步云楼的寓意果然得到了应验，1853年，黄氏族人又有了财力，随即在步云楼东向动工修建了一座新圆楼，名叫和昌楼，也是3层高，每层22个房间，设两部楼梯。

1930年，黄氏族人在步云楼的西侧又建起了一座圆楼振昌楼，还是3层高，每层26个房间，共78间。

1936年，瑞云楼在步云楼的东南侧拔地而起，仍然是3层，每层26个房间。

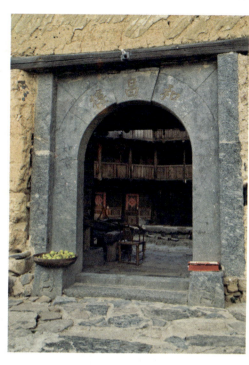

■ 和昌楼 建于1853年，位于步云楼东向，圆形，占地面积865平方米，建筑面积1141平方米，楼3层，每层22个房间，共计66间。

**田螺坑村** 属福建省漳州市南靖县书洋镇，是一个土楼村落，由5座土楼组成，5座土楼依山势错落布局，在群山环抱之中，居高俯瞰，像一朵盛开的梅花点缀在大地上，又像是飞碟从天而降。2001年5月被列入国家重点文物保护单位。

田螺坑土楼群

精美的民居

　　田螺坑土楼在基址的选择上，遵循了我国的风水文化。据专家考证，5座土楼之间采用黄金分割比例2∶3、3∶5、5∶8而建造。史学家、地理学家称这5座土楼为《周易》金、木、水、火、土的杰出代表。

　　福建民间流传田螺姑娘的故事，便源自此楼。据说，在清朝，一个名叫黄贵希的老汉带着一家赶着一群鸭子，来到了田螺坑的山脚下。他们看到这里谷深林密，在烂泥地里、山涧里到处都是田螺，是个养鸭的好地方，于是，他们就把家安在了这里。

　　黄贵希每天赶着鸭群沿山涧去放养，母鸭吃了田螺和小鱼虾后，下的蛋又多又大，每隔一天，妻子就挑着鸭蛋去卖，日子越过越好，不到半年，一家人就把草房改建成了土墙平房。

　　黄贵希夫妻既勤劳又善良，有人路过他们家时，他们都热情地招待茶水，有时还留人吃饭。

　　有一天，一位过路人病了，向黄贵希要点水喝。黄贵希见他病得不轻，就留他住了下来，还为他煎草药汤，3天后，那个过路人病好了要走。

　　黄贵希的妻子为他准备了干粮和茶水叫他带上。那个过路人被黄贵希夫妻的热情和善良所感动。临行时，他嘱咐夫妻俩说："对面那片烂泥坡地，是块风水宝地，你夫妻这样有量有福，可在那块坡地上开基，后代子孙会很兴旺。"

　　原来这位过路人是个风水先生，他还说，3年后他会再来帮黄贵希选择建房地点。

　　黄贵希夫妻听后自然满心欢喜，从此更加热心行善，也更加勤劳节俭，想3年后先生来了，好在那块风水宝地上建造一座土楼。

　　可是3年过去了，却一直不见那位风水先生踪影。黄贵希还是每天赶着鸭群到田螺坑去放养。他每天早出晚归，中午就在田螺坑那山坡上休息。山坡上有一块平面石，黄贵希就在那块大石边搭了一间草房，方便中午休息，雨天也可把鸭群赶到房里避雨。

**风水宝地**　通俗地讲就是风水好的地方，居于此处，能助人事兴旺、财源广进，可令后代富贵、显达。严格地讲，就是符合风水学中"富"和"贵"原则和标准的地理位置或环境。鲁班符咒记载：伏以，自然山水，镇宅地板，抵抗一切灾难，地镇宅就是最好的风水宝地。

■ 田螺坑土楼

**观音菩萨** 又作
观世音菩萨、观
自在菩萨、光世
音菩萨等，是四
大菩萨之一。他
经常手持净瓶杨
柳，具有无量的
智慧和神通，大
慈大悲，普救人
间疾苦。在佛教
中，他是西方极
乐世界教主阿弥
陀佛座下的上首
菩萨，同大势至
菩萨一起，是阿
弥陀佛身边的胁
侍菩萨，并称
"西方三圣"。

精美的民居

有一天中午，黄贵希正在那间草房里休息。突然间，天上乌云密布，黄贵希刚把鸭群赶进草房里，瓢泼般的大雨就下起来了，直至天黑雨也没停。没办法，黄贵希只好吃了点干粮，就在草房里过夜。

到了半夜，风雨停了下来，黄贵希在睡梦中，隐约看到观音菩萨从天而降，来到自己跟前，说："鸭双蛋，楼基安，梅花开，旺丁财。"

黄贵希赶快起身跪拜在地。他突然惊醒，醒来后发现草房外是一片月光，心里好生欢喜，心想，是观音菩萨来指点我宝地了。

第二天大清早，黄贵希就到鸭群里拾蛋。果然在那草房边角的地方有几只母鸭下了双蛋。黄贵希心里一下子就明白了，那母鸭生双蛋的地方，就是建造土楼的中心点。而那"梅花开"，则想不明白，"旺丁财"自然是后代子孙会丁财两旺。

不管怎样，黄贵希还是请来了建筑土楼的师傅。

■ 田螺坑土楼群

■ 福建南靖土楼

以那个母鸭生双蛋的地方，作为中心点开始建一座方形土楼，并取名为"步云楼"。

黄贵希的儿子黄百三郎，眉清目秀，知书达理，勤劳勇敢。一天午后，突然乌云密布，雷电交加，刹那间，倾盆大雨接踵而至。黄百三郎被这突如其来的巨变，吓得心慌意乱，不知如何是好。

就在此时，黄百三郎听见从坑边传来了呼救声，便不顾倾盆大雨，向山坑那边冲去，跑到小坑边，他看见坑里积水越来越大，只听到声音不见人影，找了好一阵子，他才发现坑里有一只大田螺。

黄百三郎从坑里把一粒硕大的田螺抱上来，突然间，怪事发生了，一位貌若天仙的姑娘站在他面前，微笑着对他说："三郎，我是田螺姑娘，请你别害怕，我姓巫，名叫十娘。"

巫十娘为感谢黄百三郎的救命之恩，就指点他"和昌楼"的蟹形地和祖祠的旗形地。所以步云楼还

祖祠 祭祀和供奉祖先的祠堂。祠堂有多种用途。除了"崇宗祀祖"之用外，各房子孙平时有办理婚、丧、寿、喜等事时，便利用这些宽广的祠堂以作为活动之用。另外，族亲们有时为了商议族内的重要事务，也利用祠堂作为聚会场所。

未完工时，黄百三郎就开始兴建和昌楼了。

后来，黄百三郎病倒了。黄贵希也知道了田螺姑娘的事，他怕儿子招惹妖气，连夜带着儿子远走他乡。几年后，黄贵希病故。黄百三郎回到田螺坑。在田螺姑娘的帮助下，家业红火，人丁兴旺。

20世纪前半叶，战乱频仍，福建省许多村庄和土楼毁于战火。新中国成立后，这些被毁的村庄、楼房，由人民政府支持重建。其他地区的居民也先后新建了几千座大小不一的土楼。

这些新建的土楼，日益受到国内外普遍关注，政府和群众开始采取各种积极措施加以保护。后在加拿大魁北克城举行的第三十二届世界遗产大会上，被正式列入《世界遗产名录》。

**阅读链接**

关于田螺坑土楼群的形成还有另外一种说法。

说在元朝末年，黄贵希带着儿子黄百三郎，在田螺坑选定了安营扎寨之所后，就着手搭盖草棚，解决了居住问题后便以看管母鸭为生计。传说他的母鸭每晚产两个蛋。日积月累，黄百三郎积攒下大量银元。

明朝洪武初年，黄百三郎请来风水先生察看地形，认定黄百三郎搭草棚的住地是块风水宝地。于是，黄百三郎在原草棚地上修建一座方形土楼，也就是和昌楼。该楼始建于明朝洪武年间，原为方楼，20开间，高三层墙厚3.6米，没石基。

和昌楼建好后，又在楼下方修建一座江厦堂祖祠。1936年，丙子年国民党军队围剿上坂革命基点村，全村13座大土楼被烧毁，和昌楼也在其中。后来，在1953年重建和昌楼时，把方形楼改建为圆楼。

黄氏传至十二世黄启麟则兴建步云楼，建楼时间约在1681年左右。时隔数百年后，由于人口的增长，在1930年至1932年间修建了振昌楼，在1932年至1934年间修建了瑞云楼，一直延续至1966年至1969年，又建起了文昌楼。

# 开平碉楼

开平碉楼位于广东省江门市下辖的开平市境内，是我国乡土建筑的一个特殊类型，是集防卫、居住和中西建筑艺术于一体的多层塔楼式建筑。其特色是中西合璧的民居，有古希腊、古罗马及伊斯兰等风格多种。

根据现存实证，开平碉楼约产生于明代后期。其丰富多变的建筑风格，极大地丰富了世界乡土建筑史的内容，改变了当地的人文与自然景观。

作为近现代重要史迹及代表性建筑，被国务院批准列入第五批全国重点文物保护单位名单。

# 远涉重洋寻金山梦

　　早在16世纪中叶，我国广东省开平市就有人远渡重洋，到东南亚一带谋生。至19世纪中期，开平则出现了大规模移民的现象。

　　1840年，鸦片战争爆发，清政府腐败无能，民不聊生，同时开平又爆发了大规模的土客械斗，旷日持久，人人自危。

■ 开平碉楼

■ 开平碉楼建筑

此时，恰遇西方国家在我国沿海地区招募华工去开发金矿和建筑铁路，于是，开平人为了生计，背井离乡远赴重洋。从此，开平逐步成为了一个侨乡。

在鸦片战争后30多年的时间里，美洲的华工已多达50万，巴西的茶工、古巴的蔗工、美国的淘金工、加拿大的筑路工……在远离故土的地方，华工靠出卖自己的血汗讨生活。

后来，又有一批批侨乡人移民海外，致使开平有一半人走出了家园。出去的人努力打造着自己的"金山"梦，将一笔笔血汗钱寄回家乡。

于是，留声机、柯达相机、风扇、浴缸、饼干、夹克……这些在当时极为稀罕的事物便成了开平人富足甚至可称奢侈的生活。

中国人强烈的"衣锦还乡""落叶归根"的情结使他们中的大多数人挣到钱后首先想到的就是回家买地、建房、娶老婆。于是，在20世纪二三十年代形成

**土客械斗** 土客冲突专指明清时期，在我国南方族群混居地区，各汉族不同民系、少数民族之间的激烈冲突，其最高峰是清朝末年在广东发生的土客械斗。土、客，分别是先住民和后住民的意思，按当地不同族群到来的先后进行区分。

了侨房建设的高峰期。

但是，我国在当时兵荒马乱，盗贼猖獗。又由于开平侨眷、归侨生活比较富裕，土匪便集中在开平一带作案。

据粗略统计，仅1912年至1930年间，开平较大的匪劫事件就有70余宗，杀人百余，掠夺财物无数。一有风吹草动，人们就收拾钱财，四处躲避，往往一夜被惊动好几次，彻夜无眠。

稍有疏忽，就会有家破人亡的危险。匪患猛于虎，在当时流传着"一个脚印三个贼"的说法。

土匪还曾3次攻陷当时的县城，有一次连县长也被掳去。在这种险恶的社会环境下，防卫功能显著的碉楼应运而生。

1922年12月的一个晚上，北风呼啸，寒雨淋漓，100多个贼匪乔装打扮，突袭了有很多华侨子弟就读的开平中学，他们将校长及师生掳去，准备将这些师生押回贼窝，然后通知其亲属交钱赎人。

众贼匪途经赤坎镇英村时，被该村宏裔楼的更夫发现。楼上的人立即拉响警报器，并用探照灯将贼匪照得清清楚楚，他还开枪将一些贼匪击伤，在村民的配合下，擒获贼匪10多名，救回了校长和学生。

县长 管理一个县的行政事务的官员。我国秦汉以后，管理万户以上的县称为县令，万户以下称县长，唐代县分三等，不再有令长之分。宋以后临时由京官管理县政，称知某县事，明清改称为知县。至民国时，又改称为"县长"。

■ 广东开平碉楼建筑

■ 广东开平碉楼内景

此事随即轰动了全县，海外华侨闻讯，觉得碉楼在防范匪患中起了重要作用，因此，在外节衣缩食，集资汇回家乡修建碉楼，并在碉楼里配置枪支弹药、发电机、探射灯、警报器等设备，用以抗击贼匪，保卫家园。于是便有了"无碉楼不成村"的说法。

一些华侨为了家眷安全，财产不受损失，在回乡修建新屋时，也纷纷将自己的住宅建成各式各样的碉楼。这样，碉楼林立逐渐在开平蔚然成风。

先后建造起来的碉楼具有防卫、居住两大功能，可分为更楼、众楼、居楼3种类型。更楼出于村落联防的需要，多建在村口或村外山冈、河岸，起着预警作用。

众楼建在村落后面，由若干户人家集资共建，其造型封闭、简单，但防卫性强。居楼也建于村后，由富有的人家独资建造，楼体高大，造型美观大方，往

**赤坎镇** 它的历史约350年，是著名侨乡，位于广东省珠江三角洲经济开发区内、开平市中部。赤坎境内保留有大量的华侨建筑，仅碉楼就有200多座，尤其是具有400年历史的迎龙楼、抗日旧址南楼、远近闻名的关族和司徒氏图书馆、堤西路的骑楼建筑群更是侨乡一绝，被广东省政府定为文物保护单位。

精美的民居

往成为村落的标志。

在建造碉楼的过程中，侨民们也有意识无意识地仿造了国外的各种建筑风格。既有我国传统的硬山顶式建筑、悬山顶式建筑，还有中西结合的庭院式、别墅式等。

在碉楼里看到的不只是一些单纯建筑上的中西融合，还能看到一种颇具智慧的创造以及表达生活愿望的融合。比如碉楼里的意大利地板砖、德国的马桶、英国的香烟盒等文物和"舞狮滚地球"的壁画等。

一年年、一代代，侨民们背靠故土，眼望世界，逐渐形成开放、包容的心态。开平——一个继承了传统的侨乡，一个联通着世界的侨乡，就是在这里流传着旅美华侨谢维立和他的二太太谭玉英之间的感人故事。

■ 开平立园

■ 开平立园建筑

谢维立在海外漂泊半生，中年时思乡心切，于是带着半生积蓄回到故土，修建了有"开平大观园"之称的"立园"。

从1926年开始，"立园"开始修建，至1936年最终落成。除了精巧的布局、精致的装潢堪称经典之外，"立园"中的毓培楼和花藤亭更惹人遐思。

据说有一天，谢维立和仆人泛舟运河之上，仆人捕到一条硕大的红鲤鱼，谢维立见那鲤鱼周身通红，甚为喜人，于是将其放生。当晚，他便做了一个梦，梦中有个美貌女子朝他微笑，似有答谢之意。

又过了几天，谢维立上街遭遇大雨，忽有一妙龄女子撑伞相助，而这位女子的长相竟然与那日梦中女子一模一样。谢维立遂将其娶为二太太，这名女子，就是谭玉英。

谢维立专门为谭玉英在"立园"中修建了一个巨大的花架，叫作花藤亭，又名花笼。顶部仿英国女王

**悬山顶** 悬山顶，即悬山式屋顶，宋朝时称"不厦两头造"，清朝称"悬山""挑山"，又名"出山"，是中国古代建筑的一种屋顶样式，也传到日本、朝鲜半岛和越南。在古代，悬山顶等级上低于庑殿顶和歇山顶，仅高于硬山顶，只用于民间建筑，是我国一般建筑中最常见的形式。

赤坎古镇马降龙碉楼

精美的民居

金冠而建，四壁用钢筋水泥做成花笼，一年四季，花开不辍。

岂知，谭玉英19岁嫁入谢门，20岁便香消玉殒。等谢维立闻讯从美国赶回时，只能对着照片中的倩影哭诉衷肠了。

为了纪念爱妻，谢维立又在园中修建了毓培楼，内有4层建筑，每一层地面精心选用图案，巧妙地用4个"红心"连在一起，也许那正是园主对爱妻心心相印的情怀。

**阅读链接**

赤坎镇新安村的村民谭积兴与其夫人余怀春的悲剧，就是典型的华侨家庭的例子。

1904年，谭积兴婚后不久即赴加拿大谋生，离乡时妻子已怀有身孕。次年，余怀春产下一女，独自抚养。抗战时期一家人经常挨饿，谭积兴自离家后也一直未能存够归国的盘缠。

直至1959年，谭积兴才有机会到香港和妻子见了一面。这一面，也是两人的最后一面，两年后余怀春就病逝了。这对夫妻从结婚至死亡，一生只见了两次面。而作为父亲的谭积兴则终生未见过在家乡的女儿，最后客死异域。

# 防范匪患建造碉楼

明朝末年，战事频仍，社会动乱，中原地区人民纷纷南下避难。一位姓关的老伯带着家眷，来到了广东开平的赤坎一带，当时这里叫驼驮。此地是冲积平原，水草茂密，芦苇丛生，成群的水鸭飞来飞去，啄食鱼虾。

关姓老伯看到此地山清水秀，土地肥沃，物产丰富，是立村开族的好地方。于是，他就与家人一起，在这里安安稳稳地定居下来。他特别喜欢芦花，就在河岸上的芦丛旁边筑了一个书斋，叫"芦庵"，大家就叫他"芦庵公"。

广东开平碉楼

精美的民居

数十年的休养生息，芦庵公的后人人丁兴旺。另外，一些从北方南迁的人家也陆续来到这里聚居。几个村落就这样形成了。芦庵公所在的村子叫井头里，与井头里毗邻的是三门里。

当时朝政腐败，盗贼猖狂，老百姓深受其害。为了保障家族和乡邻生命财产的安全，芦庵公的第四个儿子关子瑞，在井头里兴建了一座3层高的碉楼，叫瑞云楼。

瑞云楼为砖石结构，非常坚固，一有匪情，井头里和三门里的村民都躲进楼里暂避。后来，人口逐渐增多，瑞云楼容纳不了两个村子的群众。

芦庵公的曾孙公圣徒决定在三门里兴建"迓龙楼"。他的夫人也拿出私房钱，与他共襄善举。

400多年来，在抗匪和防洪的斗争中，瑞云楼和迓龙楼起了很大的作用。由于村民对这两座碉楼感情深厚，悉心保护，不断维修，所以完好地保存下来。

迓龙楼是典型的传统式碉楼。楼高3层，占地面积152平方米。碉楼四角突出，每层四角均有枪眼，底层正面开有一圆顶门，门的两边各开一个四方形的

■ 开平碉楼群

小窗，二三层正面各开3个四方形小窗。

每层均分中厅和东西耳房，楼顶为我国传统建筑硬山顶式。由于"迓"字人们在口头上少用，便在书写楼名时改为"迎龙楼"。门口上方有"拔萃"两字。门口两边还写有"迎貔瑞稔，龙虎气雄"的对联，后被铲去。

开平塘口镇自力村，在立村之初，该地只有两间民居，周围均是农田，后购田者渐多，又陆续兴建了一些碉楼。

碉楼的楼身高大，多为四五层，其中标准层二三层。墙体的结构，有钢筋混凝土的，也有混凝土包青砖的，门、窗皆为较厚铁板所造。

建筑材料除青砖是楼冈产的外，钢筋、铁板、水泥等均是从外国进口的。碉楼的上部结构有四面悬挑，四角悬挑，后面悬挑。

建筑风格方面，很多带有外国的建筑特色，有柱廊式、平台式、城堡式的，也有混合式的。

为了防御土匪劫掠，碉楼一般都设有枪眼，先是配置鹅卵石、碱水、水枪等，后又有华侨从外国购回枪械。配置水枪的目的是，因水枪里装有碱水，当土匪靠近时喷射匪徒的眼睛，使其丧失战斗力，知难而退。为了增强自卫能力，很多妇女都学会开枪射击。

这些碉楼，有的是根据建楼者从外国带回的图纸

■ 广东开平碉楼建筑

**悬挑** 建筑专业术语，建筑构件利用拉索结构或其他结构达到的一种效果。其部分或全部建筑物以下没有任何支撑物，给人一种不稳定感。悬挑结构在建筑中应用非常广泛，常见的有挑檐、阳台、体育场看台顶棚及剧院的挑台，还可以直接用于屋顶等。

广东开平碉楼建筑

所建，有些则没有图纸，只是出于楼主的心裁。楼的基础惯用三星锤打入杉桩。打好桩后，为不受天气的影响，方便施工，一般都搭一个又高又大的帐篷，将整个工地盖着。

居庐的主要功能是居住和生活。自力村的居庐多为三四层，楼体开展，门窗开敞，均为铁制；为了防贼，庐的前后门上方开枪眼，居庐还筑有燕子窝。

该村先后建筑了龙胜楼、养闲别墅、球安居庐、云幻楼、居安楼、铭石楼、逸农楼、叶生居庐、官生居庐、兰生居庐、湛庐等。

这些先后建起来的碉楼组成了后来有名的自力村碉楼群，在防匪贼方面，发挥了重要的作用。

## 阅读链接

清朝康熙年间，开平月山镇龙田村有一个远近闻名的商人叫许龙所。

一天清晨，许龙所的妻子黄氏去赶集，直至月亮升起，还没有回来，许龙所有一种不祥的预感袭上了心头。

正在许龙所着急的时候，忽然，有人从门口外扔进院里一包东西，里面是一张字条，字条上歪歪斜斜地写着"白银万两，钱到放人"8个字。

许龙所父子商议，决定筹钱救出黄氏。谁知赎金还没有送去，却等来黄氏在跳崖之前托人带来的血书。血书上写道："母不必赎，但将此金归筑高楼以奉尔父足矣！"

许龙所的儿子遵照母亲遗嘱筑了一座4层高的坚固碉楼，取名"奉父楼"。奉父楼建成后便成为村民的庇护所。一有匪情，村民们都到奉父楼里躲避，贼人唯有望楼兴叹。

# 风格各异的开平碉楼

　　开平碉楼体现了近代中西文化的广泛交流，它融合了我国传统乡村建筑文化与西方建筑文化的独特建筑艺术，成为开平侨乡历史文化的见证，也是那个历史时期，我国移民文化与不同族群之间文化的相互交融，并促进了人类的共同发展。

　　开平碉楼丰富多变的建筑风格，凝聚了西方建筑史上不同时期的

■ 柱廊式碉楼

精美的民居

■ 广东开平碉楼塔楼

设有射击孔，这就增加了楼内居民的射击点。

开平碉楼种类比较繁多，若从建筑材料来分，可以分为：石楼、夯土楼、砖楼和混凝土楼。

石楼主要分布在低山丘陵地区，在当地又称之为"垒石楼"。墙体有的由加工规则的石材砌筑而成，有的则是把天然石块自由垒放，石块之间填上土来粘接。目前开平现存石楼仅10座。

■ 赤坎碉楼建筑

夯土楼分布在丘陵地带。当地多将此种碉楼称为"泥楼"或"黄泥楼"。这种碉楼经几十年的风雨侵蚀，仍然十分坚固。现存100多座。

砖楼主要分布在丘陵和平原地区，所用的砖有3种：一是明朝土法烧制的红砖；二是清朝和20世纪20年代初期当地烧制的青砖；三是近代的红砖。

用早期土法烧制的红砖砌筑的碉楼，目前开平已很少见，迎龙楼早期所建部分，是极其珍贵的遗存。

青砖碉楼包括内泥外青砖、内水泥外青砖和青砖砌筑3种。少部分碉楼用近代的红砖建造，在红砖外面抹一层水泥。目前开平现存砖楼近240多座。

混凝土楼主要分布在平原丘陵地区，又称"石屎楼"或"石米楼"，多建于20世纪初期，是华侨根据

夯土　古代建筑的一种材料，我国古代建筑材料以木为主角，土为辅助，石、砖、瓦为配角。在古代，用作建筑的土大致可分为两种：自然状态的土称为"生土"，而经过加工处理的土被称为"夯土"，其密度较生土密。在我国，最早在龙山文化已能掌握夯土的技术。

■ 开平碉楼

**精美的民居**

**廊** 是指屋檐下的过道、房屋内的通道或有顶的通道。包括回廊和游廊，具有遮阳、防雨、小憩等功能。廊是建筑的组成部分，也是构成建筑外观特点和划分空间格局的重要手段。我国古代建筑中的廊常配有几何纹样的栏杆、坐凳、彩画，隔墙上常饰以什锦灯窗、漏窗、瓶门等各种装饰构件。

世界各国建筑不同特点设计建造的，造型最能体现中西合璧的建筑特色。

整座碉楼使用水泥、沙、石子和钢材建成，极为坚固耐用。由于当时的建筑材料靠国外进口，造价较高，为了节省材料，有的碉楼内面的楼层用木阁做成。目前开平现存混凝土楼1470多座。

中西合璧，也就是亦中亦西、亦土亦洋的建筑风格，开平现存的碉楼千姿百态，无一座完全相同，根据上部的造型，又可分为：柱廊式、平台式、城堡式和混合式4类。

柱廊式碉楼比较多。等距离排列的西式立柱与券拱结合，呈开敞状，显得典雅富贵。碉楼的柱廊多为步廊，有一面柱廊、三面柱廊和四面柱廊之分。

柱廊是一种源自希腊神庙的古典建筑样式，古罗马建筑中也经常出现。古罗马建筑柱廊式的经典代表是雅典娜女神庙。

柱廊的券拱造型多数是采用古罗马的券拱，带有明显的罗马建筑风格。另外欧洲中世纪哥特式建筑风格的尖券拱和具有伊斯兰建筑风格及富有装饰性的花瓣形券拱，在开平碉楼也有表现。

平台式碉楼不像柱廊式上面覆顶，而是露天的，造型显得开放。平台的围栏多数是通过实心混凝土栏板，在外墙进行细部处理，增加其装饰性。也有围栏采用西方华丽的古典栏式，比如古罗马建筑中的多立克、爱奥尼克、塔司干风格的栏杆也有所运用。

城堡式碉楼采用的是中世纪欧洲城堡封闭的圆柱体和教堂顶部塔尖装饰的建筑要素，楼体的开窗和射击孔都注重与其上部的造型风格相协调。这类碉楼远看就像欧洲的城堡。

混合式碉楼即是以上几种形式的混合体，这种形式的碉楼在开平碉楼中非常的常见，或柱廊与平台混合，或柱廊与城堡混合，或平台与城堡混合，或三者混合。

混合式的碉楼更显华贵。其实这些散落在岭南之角的外国建筑风格的碉楼大多是混杂着多种文化艺术建筑，它们没有过多地追究要建特定类型的建筑，根

■ 广东开平碉楼复原模型

开平碉楼民居

据的是主人的爱好以及其在外吸收的建筑经验。

因而，开平碉楼的建筑风格集中世纪众多典型建筑风格于一身。开平碉楼荟萃着众多西欧建筑特色，如希腊罗马的柱廊式、西欧哥特式、意大利巴洛克式、欧洲的古堡式。

随着历史的延伸，开平碉楼以其非凡的魅力，吸引着世人的眼球，向世人诠释着开平人非凡的技艺，洋为中用，模仿而非抄袭，结合自身的岭南风格，开创出独特的建筑艺术风格。

这些不同风格流派、不同宗教门类的建筑元素在开平表现出极大的包容性，汇聚一地和谐共处，形成一种新的综合性很强的建筑类型，表现出特有的艺术魅力。

050
精美的民居

**阅读链接**

瑞石楼号称"开平第一楼"，坐落在开平市蚬冈镇锦江里村后左侧。楼高9层，建于1923年，是开平市内众多碉楼中原貌保存得最好、最高的一座碉楼，堪称开平碉楼之最。

说它是"开平第一"，不仅是高度上第一，外观上也是别的碉楼难以相比的。楼的顶部有3层亭阁，凸现西方建筑独特风格，其中以四周的罗马穹隆顶和拜占庭造型最为显著，给人以异于常态的美感。

当年59岁的黄璧秀因父母和妻子在家乡居住，为了家人的安全，所以他不惜投入巨额资金，于1923年筹建家居碉楼，1925年竣工，历时3年。楼建成以后，他便以自己的号取名，叫"瑞石楼"。

# 碉楼楼名及楹联文化

　　开平现存的碉楼与居庐，除个别"无字楼"外，基本都有属于自己的名号。这些碉楼除楼名的文字记录外还有不少对联，这些文字就如同一张张定格的历史存照，供人凭吊、欣赏与研究。

■ 土塘碉楼

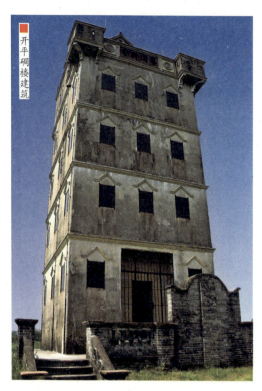
开平碉楼建筑

精美的民居

马冈镇 位于开平市西北部。北邻龙胜，南毗塘口，西靠大沙镇、恩平市，东与苍城接壤。马冈镇是开平市最大镇之一。马冈镇属半丘陵地区，土地肥沃。

塘口镇 隶属于广东省阳西县，位于阳西县西北部，四面环山，气候宜人，北部沟漏山脉连绵百里。该镇有较为悠久的历史，拥有多座古堡，人文气息浓厚。

开平众多的碉楼中有一种楼名是反映当时社会治安状况及人民对和平安定的诉求的。因此说在开平村野上高耸着的碉楼群中，带"安"字号的楼名特别多，其中各地出现频率较高的如"镇安""保安""建安""靖安"和"联安"等楼名。

土塘地处开平马冈镇与塘口镇的交界处，是当时出了名的贼窝，靠近土塘一带的村庄，被称为"贼佬碗头"，也就是菜盆的意思，贼人无食无用的时候，就会来此搜掠。因此，在塘口镇四九、卫星、龙和一带的村前防卫特别森严，兴建的碉楼也特别的多，特别坚固。

还有一种碉楼名字是反映侨乡人温和淳厚的道德民风的，比如"慈安""慈乐""厚和""侨安""远安""义安""家谐""仁和""齐家""恋家""爱亲""叙伦""孙怀""佑康"等楼名，这些名字最能反映当时侨乡人人隔万里、两地相思的离愁别绪。

塘口镇龙和村旅美华侨陈以林于1921年归乡建了一座4层高的居楼，命名"居安"，他还郑重其事地题了副门联"居而求志，安以宅人"，他把愿望挂在门前以明志。

有些感情含蓄的楼主，还通过借喻、隐晦的

手法，托楼名以表心意，如"秩楼""椿元""椿萱""昆仲""棠棣""寸草""爱吾"等。古文中的"椿萱"，喻为父母；"昆仲"指的是兄弟；"棠棣"的"棣"也通兄弟的"弟"；"寸草"则借孟郊《游子吟》中"谁言寸草心，报得三春晖"，道出自己建楼报父母恩之意。

椿 一种乔木，古代传说大椿长寿，庄子曾经说过："上古有大椿者，以八千岁为春，八千岁为秋。"可见它有多么长寿。因此古人就把它拿来比喻父亲，盼望父亲像大椿一样长生不老。

塘口镇龙和村龙蟠里吴龙宇、吴龙其兄弟建了一幢4层楼的居庐，取名"永福"楼，并在门前加添了对联作注脚"永久骈蕪如广厦，福常宠锡在本楼"，道出自己建楼可利己利人，又希望新楼既立，能更加得到父母的恩宠。

月山镇大湾村是较典型的华侨村。村前鱼塘相隔，村后籁竹环护，村头楼式闸阁，村中近10座楼、庐各有风采，其中最显眼者当数李嘉、李常炳两家。20世纪中叶这两家是当地出了名的华侨，他们购田建楼，各尽其美。

当时村人还编有民谣说：

千家万家不及李嘉，
千顷万顷不及常炳。

可知他们当时富庶的程度。这两位老人不但楼建得美，而且别出心裁地在家里开

■ 开平南楼

精美的民居

■ 开平碉楼建筑

**壁画** 墙壁上的艺术，即人们直接画在墙面上的画。作为建筑物的附属部分，它的装饰和美化功能使它成为环境艺术的一个重要方面。壁画为人类历史上最早的绘画形式。如原始社会人类在洞壁上刻画各种图形，以记事表情，这便是流传最早的壁画。

挖了水井和地下室及外出通道。其中李嘉居楼命名为"朗照别墅"，常炳楼则书"万福咸臻"。

在这种竞美风气的感染下，村中"安然别墅""五权庐"及村中侨居文化气味特浓，所见壁画、对联、吉祥语特多，共通的有"怀忠孝信义，喜博爱和平""龙图启瑞，凤纪书元""吉光久远，庐振书香"等。

还有些楼名蕴含碉楼背后深沉的历史文化。比如开平最早的碉楼是建于赤坎镇芦阳村三门里的"迎龙楼"。该楼按族谱记载，约建于明嘉靖年间，倡建者为"圣徒祖婆"，占地152平方米，红砖土木结构，楼高3层，初名"迓龙楼"。

何谓"迓龙"，该村位于罗汉山下游，大雨降

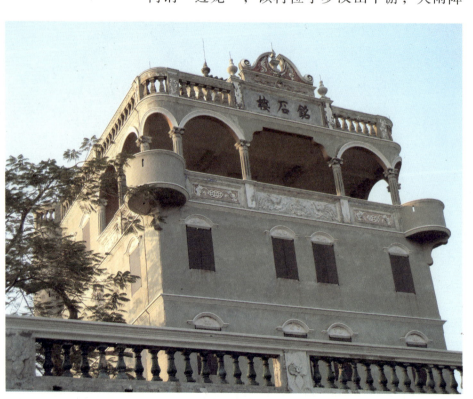

临，山洪暴发，村人就得收拾细软，携男带女往高处逃。圣徒祖阿婆见此，变卖首饰以首倡，并发动村人集资建了"迓龙楼"。

取名"迓龙"，其含意是，善待龙王，欢迎与它为友，使它莫再生洪水为害村民。

事实上，"迓龙楼"建成后，天灾人祸依然不断，但它在很长的一段时间内也真正担当起为村民消灾避祸的壁垒的作用。

1919年，村人见楼体破烂，便集资重修，拆第三层用青砖重建，并顺潮流使用新文字更名为"迎龙楼"。同时请村中有名的才子，写了首层和顶层两副对联。顶层联写道"迎龙卓拔，楼象巍峨"，首层联是"迎猫瑞稔，龙虎气雄"。

无独有偶，在大沙镇大塘村也有一座同名的"迎龙楼"。该楼约建于清代同治年间，楼高3层，保存较为完好，可惜楼上字迹已剥落。

关于这座楼名，村中一老先生解释说，大沙五村处有座状元山，龙是从山毛岗经水桶坳回状元山的。建此楼就是希望把他迎来此处，歇歇脚，显显龙气。

说也奇怪，自从该村建了迎龙楼后，村里先后出过好几位名人，其中陈宗毓、陈孝慈均是清末民初的举子，陈宗毓曾任恩平县长。

迎龙楼最初只有楼名没有对联，后来陈宗毓回乡

■ 开平碉楼

**圣徒** 本意指圣人的门徒或者圣人思想的追随者，"圣徒"一词在近代也成为其他宗教的借用译词，通常也指具有特别美德或者修行水平很高的教徒。圣徒和圣人本义上的区别是，圣徒是追随某一流派或宗教而受到该教派推崇的人，圣人则独立于而不是追随某人或某一思想派别。

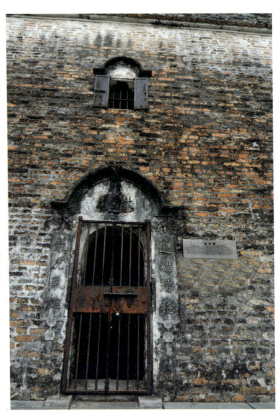

■ 迎龙楼门联

探亲，为楼写了两副对联，正门口联是"迎来门外双峰石，龙伏冈中百尺楼"；后门联是"占凤门开迎瑞气，贪狼阁峙显文章"。

迎龙楼两联写罢，这位老夫子意犹未尽，又给村中另一座无名碉楼安了个名字"继美楼"，并为这座楼题了联"继晷焚膏追往哲，美人香草慕前贤"。陈宗毓改名、题联之后，为两楼增色不少，并一直被村人传为美谈。

大沙镇是开平边远的山区镇之一，位于西水的竹莲塘村，更是山上加山。然而，在这个小山村的村后，却巍然屹立着两座石垒的碉楼，"竹莲楼"和"竹称楼"。其中"竹称楼"最为壮美。

"竹称楼"是竹莲塘村民为防匪患，自己动手，拾山石、烧石灰而垒起的四层高的碉楼。此碉楼曾先后有过两次击溃土匪头企图劫村的纪录，为保卫村民的生命财产安全立过大功，如今楼身上的伤痕，便是这位真君子不平凡经历的见证。

有一些碉楼名字借楼寄意，排解个人情感。比如，三埠迳头龙溪里旅美华侨李成伦，青年时在美国旧金山唐人街是出了名的戏剧演员，人称"小生

**状元** 是我国古代科举考试"殿试进士"的第一名。由皇帝或中央政府指定的负责人主持，用同一套试题，在同一地点开考，然后经统一阅卷、排名，并经最高当局认可的进士科国家级考试的第一名。

记"，可惜在一次演出中不慎得罪了权贵，后来，他返回家乡，独资在家乡建了一幢洋楼，取名"索居庐"，并配上门联曰"盘溪甚水，农圃为家"。

由失宠、惊怕到落叶归根、索居闲处，心头是一种解脱，一种释放，于是用楼名"索居"记之。

在塘口四九村西角坊闸口正对村头，屹立着一座带小庭院的居庐，名为"翰苑"，对联是"翰留香墨；苑发奇葩"。字体刚劲有力，名、联内容透露出几分自信和得意。

除了以上介绍的碉楼楼名的寓意外，还有以楼主的名字作楼名，体现自我、自信，比如百合镇中洞村之"焕福"、蚬冈镇东和村的"焕然"、水口新风村的"溢璋"楼等，均以楼主全名为楼名。

■ 开平碉楼群

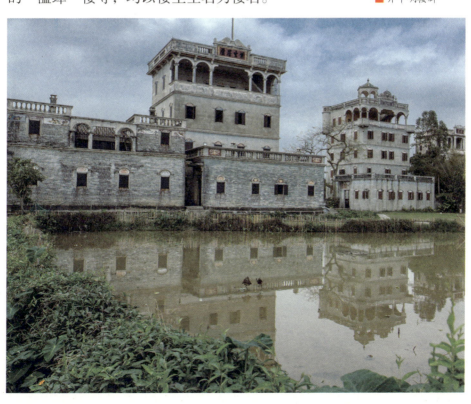

还有以众人之名或集众人之意作为楼名，以示公平、团结，比如塘口镇魁岗村石滩里黄荣耀独家兴建的居楼称为"私和楼"。塘口卫星村张容沛、张容照、张容会、张容旭四兄弟于1925年合资建了一幢居楼，由于共同合作，大家出资，故取名为"四份楼"，将内情交代得清清楚楚。

还有巧用数字命名的碉楼，如：一枝楼、两宣楼、三星楼、四份楼、四豪楼、五福楼、六角楼、七星楼、八角楼、九合楼、万兴楼、十八万楼、添亿楼、亿枝楼、千亿居庐等。

**阅读链接**

塘口自力村的"云幻楼"，是我国著名铁路建筑专家方伯梁的弟弟方伯泉建的私家碉楼，方伯泉是个读书人，青年出外谋生，晚年回乡见祖居为两座平房，贼来了无处可躲，于是用积蓄在村后购地建起了外观壮美的碉楼。

方伯泉目睹时局纷乱，盗匪横行，一生中庸笃厚，不爱争强好胜的他，为碉楼取了个有点禅意的名号"云幻楼"，并在顶层天棚门口上写上横披"只谈风月"，楼顶还有一副长长的对联，写的是：

云龙风虎，际会常怀，怎奈壮志未酬，只赢得湖海生涯空山岁月；

幻影昙花，身世如梦，何妨豪情自放，无负此阳春烟景大块文章。

落款是"云幻楼主人自题"。

云幻楼的大门口写着：淑气临门，春风及第。作者借楼寄意，散发怀抱，这是他期盼"善良、美好"的人生前程。

窑洞式房屋

# 陕北窑洞

　　窑洞是黄土高原上特有的一种民居形式。当地百姓自古以来就有住窑洞的习惯。中华民族的祖先就是在窑洞中生存、繁衍和壮大起来的。

　　窑洞象征着人与自然和睦相处、共生，具有简单易修，坚固耐用，冬暖夏凉等特点。它是黄土高原的产物，更是陕北农民的生活象征。

　　因此，窑洞在我国文明史上有着不可替代的重要作用，窑洞文明也成为了中华文明的代表性音符和元素。

# 穴居演变成窑洞

《庄子·盗跖篇》中记载：

古者，禽兽多而人民少，于是民皆巢居以避之。昼拾橡栗，暮栖木上，故命之曰有巢氏之民。

意为：古时禽兽多于人，人不得已居于树上。白天满地捡拾橡栗果腹，夜间再到树上栖息，以此如

■ 庄子（前369年~前286年），姓庄，名周，战国时期的思想家、哲学家和文学家，道家学说的主要创始人之一。庄子生平只做过地方漆园吏，因崇尚自由几乎一生退隐。庄子与道家始祖老子并称"老庄"，他们的哲学思想体系，被思想学术界尊为"老庄哲学"，代表作品为《庄子》《逍遥游》《齐物论》等。

■ 陕西民居

禽筑巢，得名有巢氏。

　　如此大约过了几百万年，人类的直系祖先取代了灵长类动物，才从树上跳了下来，双脚落在地上，开始了另一种形式的新生活。

　　这时候，人和野兽之间常常发生争斗，很多人被野兽吃掉。于是，人类用棍棒围捕驱赶了禽兽，占据了它们巢居的洞穴。

　　这些蜗居能够抵御风寒雨雪，保护群落的人不受野兽毒虫侵害，还可以防洪、防湿、防潮、防瘴气等。穴居大约始于50万年前至100万年前，是人类发展史上的一次大飞跃。

　　当一次旷野大火燃起之后，原始人当中的智者发现烧烤了的动物肉比生肉好吃，从此山洞里飘出肉香，人类结束了茹毛饮血的时代。

黄土高原　第四纪以来由深厚黄土沉积物形成发育具有特殊地貌类型的自然区域，是世界最大的黄土沉积区。位于我国中部偏北。包括太行山以西、青海省日月山以东，秦岭以北、长城以南广大地区。高原上覆盖深厚的黄土层，黄土厚度在50米至80米之间，最厚达150米至180米。

精美的民居

旧石器时代 （距今约250万年～距今约1万年），以使用打制石器为标志的人类物质文化发展阶段。地质时代属于上新世晚期更新世，从距今约250万年前开始，延续到距今1万年左右止。我国旧石器时代早期文化分布已很普遍。距今100万年前的旧石器文化有蓝田人文化，以及东谷坨文化。

会用火，而且会把火种保存起来，才有可能在天然岩洞中定居下来。这"天然的石洞"即是原始人类最早的也是本能的居住选择，仍为"仿兽穴居"。穴居与火一样，使人从自然力量的支配中走进了农业生产。

农业生产的出现，迫使人们走出山洞，到平原或丘陵地带去开创更适合他们生存的田园式定居生活。他们先占山崖石洞，再掘地穴居。

人工穴居大约始于旧石器时代晚期。这时人的智力和生产力，已经达到利用大型的尖状石器挖掘黄土洞穴的水平。

当母系氏族社会向父系氏族社会过渡的新石器时

■ 轩辕黄帝 （前2717年～前2599年），《史记》中的五帝之首，远古时期我国神话人物，被视为华夏始祖之一和人文初祖，少典之子，本姓公孙，生于轩辕之丘，故号轩辕氏。他以统一中华民族的伟绩载入史册。相传黄帝有25个儿子，之后的夏朝、商朝和周朝的最高统治者基本上都是黄帝的后代。

代来临时，随着人类文明的不断进步，生产工具的不断改进，人类已经进入了人工半穴居的居住阶段。黄土高原上窑洞不但开始出现，而且还发育得相当成熟，"吕"字形窑洞居室开始出现。

新石器时代正如恩格斯所说的那样，从母权走向父权，是"人类所经历的最激烈的革命之一"，是"一切文化民族在这一时期经历了英雄时代"。

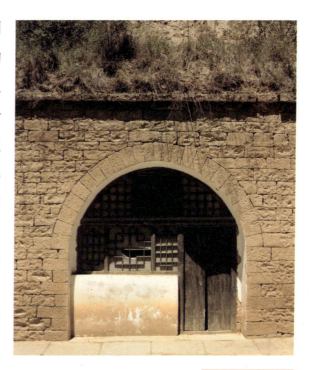

■ 窑洞近景图

此时正是以陕北轩辕黄帝陵为标志的传说中的炎黄时代。先民们就这样经历了从原始穴居到人工穴居、半穴居，最后酿成了土窑洞的出现。

陕北窑洞是人类最原始、最古老的民居之一。陕北高原有厚厚的黄土覆盖层，这里的土质黏性大，板结牢固，不易松散，有很强的支撑力，挖出来的窑洞不容易垮塌，正是开掘洞窟的天然地形。这使得掏洞挖穴变得较为简单容易。

窑洞是陕北建筑的主体，是城乡居民的主要宅所。秦汉以后，人们经过不断的摸索和改进，半地穴式窑洞逐渐发展成为全地穴式窑洞，也就是后来的土窑洞。

至明朝中期，人们开始用石块砌成窑面墙。20世

**炎黄** 分别指我国原始社会中两位不同部落的首领炎帝和黄帝。在当时中原地区的民族和部落中，黄帝族的力量较强，文化也较发达，因而黄帝族就成为中原文化的代表。炎黄二帝就成为汉族的始祖。也被人们称为中华民族的始祖。因而，人们往往称中华民族是"炎黄子孙"或黄帝子孙。

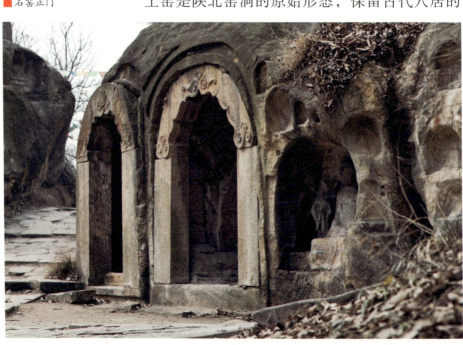

纪初，当地的人们仿照土窑的模式建起了石砌窑洞。从力学的角度看，用石头和砖块搭建的窑洞更坚固。

据研究，石窑出现不会晚于先秦时代。子洲、绥德、米脂、延安的许多窑洞建筑令人叫绝。

几千年来，陕北窑洞这种独特的民居，其建筑形式并没有发生很大的改变。其建筑理念是一脉相承的，但是随着岁月的推进，其建筑形式也相应发生了一些改变。

陕北窑洞大致有4种类型，即土窑、接口窑、石窑、砖窑。土坯窑是土窑的衍化，薄壳窑是砖窑的派生，砖石窑是两种建材的混合使用。

陕北窑洞有靠山土窑、石料接口土窑、平地石砌窑多种，一般城市里以石、砖窑居多，而农村则多是土窑或石料接口土窑。

土窑是陕北窑洞的原始形态，保留古代穴居的

**先秦** 我国历史学名词。指秦朝以前的历史时代，起自远古人类产生时期，至公元前221年，秦始皇灭六国为止。经历了夏、商、西周，以及春秋、战国等历史阶段。在长达1800多年的历史中，我们的祖先创造了光辉灿烂的历史文明，其中夏商时期的甲骨文，是人类文明的历史标志。

064
精美的民居

■ 石窑正门

习俗。挖土窑必须选择在向阳山崖上土质坚硬、土脉平行的原生胶土崖上挖掘，避免在直立、倾斜土脉和绵黄土地段开挖。因为，土硬则实，土软则虚，虚则易塌陷。

通常，先剖开崖面，然后开一个竖的长方形口子，挖进去一两米以后，便朝四面扩展，修成一个鸡蛋形的洞，再用宽镢刨光窑面，抹上黏泥，有时为固顶，窑顶间隔用柳椽支撑作箍。

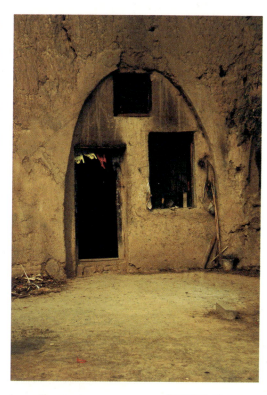

■ 土窑正门

土窑洞一般深七八米，宽3米，高3米多，最深者可达20米。窗户有两种：一种是小方窗，仅一平方米左右，光线甚暗；另一种是半圆木窗，约有三四平方米，不仅光线较好，透气性也大大提高了。

半圆形木窗的格局令人视觉舒展大方，专家指出，这也是《易经》中"天圆地方"理念的体现。

土窑充分体现陕北窑洞冬暖夏凉和省钱、省料、修造容易的优点。过去，对于贫苦的陕北人民来说，能挖一孔土窑是天大的福分。土窑也有光线昏暗、采光不利、空气流通差、窗内墙壁难以粉刷、窑面子容易风化雨蚀、山崩土陷易坍塌的缺点。

接口窑是在原土窑开扩窑口，按窑拱大小加砌两三米深，石头或砖作为窑面，新做圆窗木门。为加固

《易经》也称《周易》或《易》，是我国传统思想文化中自然哲学与伦理实践的根源，对我国文化产生了巨大的影响。据说是由伏羲氏与周文王根据《河图》《洛书》演绎加以总结而来的。它是华夏5000年智慧与文化的结晶，被誉为"群经之首，大道之源"。

窗棂 即窗格，也就是窗里面的横的或竖的格。雕刻有线槽和各种花纹，构成种类繁多的优美图案。透过窗子，可以看到外面的不同景观，好似镶在框中挂在墙上的一幅画。它是我国传统建筑中最重要的构成要素，并且成为建筑的审美中心。

内顶，用柳椽箍顶。然后用麦鱼细泥抹壁，土拱与石拱接口处抹平隐藏，使其新旧两个部分浑然一体。

接口窑是过去土窑基础上的进步，其门窗变大以后，采光面积增大了不少，光线也强了，洞里既明亮又保温，窑面也坚固美观。

砖窑就是用砖和灰浆砌的拱式窑洞，结构及优点与石窑大同小异。石窑就是用石块、灰沙垒砌的拱形窑洞。窑面石料按尺寸凿方凿弧，砌面讲究缝隙横平竖直，窑面整体平整，拱圈圆缓。窑顶前加穿廊抱厦，顶戴花墙，尤显大方。

窑口安装有大门亮窗，窗棂的图案有简有繁，花样多变，主要有"朝阳四射式""蛇盘九蛋式""勾连万字式""十二莲灯式"，可由技艺高超的木匠设计。

小窗加玻璃，也有整个门窗安装里外双层玻璃，既可增加室内明亮度，又可加强保温性，也很美观。

陕北窑洞起源最早，历史悠长，出现了许多设计合理、功能完备、美观实用的典范之作，比如米脂窑洞古城和被誉为窑洞四合院的常氏庄园等。

■ 砖窑正门

■ 古老的陕北窑洞

　　米脂古城的窑洞开凿历史最早可追溯至元代，多数建于明、清两朝。窑洞四合院的形式据称由当地大户人家首创，后来普通百姓争相模仿，最终形成了当今世界绝无仅有的窑洞古城。

　　庄园分为上院、中院、下院和寨墙等几个部分，每层院落均由数个窑洞构成。最为讲究的当数主人居住的上院。一进院门，首先映入眼帘的是5间正窑，左右各3间厢窑肃立两旁。

　　只有靠近正窑才会发现，原来在正窑两侧还各隐藏着两间暗窑。这就是陕北最著名、最典型的"明五暗四六厢窑"式窑洞四合院。

　　"明五"，是指窑洞大院的正面之主体建筑是高大考究华丽的五孔砖石窑洞；"暗四"，是指五孔窑洞的两侧分别对置有稍稍藏进去的体量比较小的两孔窑洞；"六厢窑"，是指正面主体窑洞两侧"丁"字对称建筑的六孔窑洞。

　　庄园不但整体格局合理，而且各处细节安排妥当。高高门楼上精心雕琢着木刻"福寿图"，影壁前后有寓意吉祥的"鹤立鹿卧画"，院落中间巧妙利用水循环驱虫、散热的石床，充分展示了当时匠人的聪明才智和精湛技艺。

■ 米脂窑洞古城

整个院落可以说是我国民间建筑学、雕刻学、美学的一个展览馆。

姜氏庄园只不过是米脂窑洞古城众多窑洞四合院的一个优秀代表，这样的院落古城有数十个。

窑洞古城这一独特的我国生土建筑模式，充分发挥了本地自然材料特性的窑洞古城，具有低成本、低能耗、低污染的特点，具有很强的生态意义和"天人合一"的哲学思想。

## 阅读链接

常氏庄园位于米脂县城东北处高庙山柳树沟北侧，被誉为陕北"窑洞四合院"。

常氏庄园是1908年由常维兴动工兴建，常维兴没有建完就去世了，由他的长子常英经管并最后完成。其格局为上下两套四合院，气势虽不如姜氏庄园宏大，但更为紧凑，对称规范。

大门前平台场地约300多平方米，两端为石拱门洞，沿坡由西而入。进入大门即底园，门两边有对称厅房、耳房，院西门内为石院磨房，院东门内为马厩厕所。由底园拾级而上经两门直抵顶院，正面一线五孔石窑，高门亮窗，穿廊虎抱，正窑两边配双窑小院，主院两侧六孔石窑相对，呈典型"明五暗四六厢窑"式。两门内彩绘装饰古朴典雅，门前两侧影壁水磨砖雕松鹤竹鹿，祥云荟萃。

常家庄园结构严谨，宽敞明亮，"三雕"艺术十分精细。整个庄园富丽堂皇，出入方便，居住得宜。

# 土窑的建造方法

　　窑洞式民居是一种很古老的居住方式，因为它有施工简便，造价低廉，冬暖夏凉，不破坏生态，不占用良田等优点，从一出现便备受青睐。

　　在长期的生产实践中，人们进行了大量的探索，因地制宜地摸索

楼式窑洞

出了3种窑洞建筑形式：靠崖式、下沉式和独立式。

靠崖式窑洞顾名思义，就是背靠土崖或石崖，但以背靠土崖为多。主要有两种：一种是靠山式，一种是沿沟式。

靠山式窑洞多出现在山坡和土原的边缘地区。因此，就必然形成这样的自然环境：背靠山崖或原面，前临开阔的沟川和流水。而这样的自然环境又必然形成后土前水，后高前低，后实前虚的天然形态。

一家一户的窑洞组成院落，院落又组成村落。如此，窑洞—院落—村落构成了一个整体。

沿沟式窑洞是沿冲沟两岸崖壁基岩上部修造的窑洞，原面地区的"窑窠"也是这种背靠原面而面临冲沟或河沟挖掘的土窑。

这种窑洞靠近田地，利于耕作，窑脑不但可作

■窑洞

下沉式窑洞

071

窑洞式房屋

陕北窑洞

为上一层窑洞庭院，而且往往是麦场和大路。当然，可以是土窑，也有砖砌的接口土窑和石砌接口土窑，也有背靠后崖拍券箍成砖石拱窑者。

　　靠崖式砖石拱窑还有一个省料的地方，就是窑掌靠崖，可以不必砌掌，但也可以顺崖镶掌。反之，靠崖式土窑虽系土拱，为了防渗，却也可以挂上石掌、砖掌。

　　靠崖式土窑的一个重要类型是接口土窑，即土窑面以出面石头或砖砌就，从外表看，和砖石拱窑一样，一为土窑固定、结实；二为装饰，令其美观。

　　下沉式窑洞就是地下窑洞，主要分布在黄土塬区，也就是没有山坡、沟壁可利用的地区。

　　这种窑洞的建造方法是：先就地挖下一个方形地坑，然后再向四壁窑洞，形成一个四合院。人在平地，只能看见地院树梢，不见房屋。在平地向下挖，挖成一个凹的大院子，再向这个院子四周挖窑

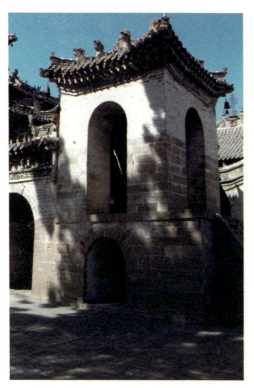

■ 独立式窑洞

**风水先生** 指专为人看住宅基地和坟地等地理形势的人。在我国民间，将风水术多称为"风水"，而把做此职业者称为"风水先生"，由于风水先生要利用阴阳学说来解释，并且人们认为他们是与阴阳界打交道的人，所以又称这种人为"阴阳先生"。

洞，这叫下沉式窑洞。

这种窑洞从远处看不到，就像是平地一样，只有走近才能看到地上一个个的凹坑，向坑里一看，下面是一户户的人家。

正如一首打油诗写的：

进村不见村，
树冠露三分，
麦垛星罗布，
户户窑洞沉。

独立式窑洞顾名思义，与靠崖式窑洞的最大不同是，没有"靠山"，不能直接利用天生的黄土作为窑掌，而是四面临空的窑洞，又叫"四明头窑"。

其所以俗称"四明头窑"，就是指前、后、左、右4头都不利用自然土体而亮在明处，四面都得人工砌造。由此可以看出，独立式窑洞实际上是一种掩土建筑。石拱窑、砖拱窑、泥墼拱窑和柳笆庵是独立式窑洞的主要形式。

修窑是家中的大事，修窑前必请风水先生看地势、定方向、择吉日。修窑有挖地基、做窑腿、拱旋、过窑顶、合龙口、做花栏、倒旋土、垫垴畔、安门窗、盘炕、砌锅灶等工序。

修建时邻居和亲戚朋友互相帮工，修成后有合龙口的习俗，居住前有安土神的习俗，住新窑乔迁时有暖窑的习俗。

看风水、择地形还有不少讲究。窑洞的地形也基本是背风向阳、山近水依、出入方便、环境优雅的平展地方。

另外，还特别讲究"风水"，然而有好多地方出现了"风水石""风水树"，所以人们在造好的地址上，首先要请阴阳先生通过摆罗盘的方式来取方定位。

按照风水理论，一块吉地大体上要具备这样一些特征：背山面水、负阴抱阳、前有明堂、后有祖山，最好再有"朝山""龟山""蛇山"。这种理想山势，在平原并不易找到，而在黄土高原的丘陵沟壑区很容易找到这样的"风水宝地"。

一般窑洞的座字是八卦中的乾、艮、巽、坤4字，一般不能占子、午、卯、酉4字，即正东、正南、正西、正北4个方向。因此方向位置"太硬"，只有庙宇、衙署才能在此修造，一般人家在此居住"服不住"，因福薄运浅，强占会多灾多难，其他方位均可。

但还讲究面向要宽敞平展，背山要雄厚博大，左右要环山围堵，以此为能藏福聚

合龙口　陕西的风俗，即当窑洞即将修成时要举行的庆典。匠人在最中间的窑洞拱旋中央留下一块石头或一块砖，然后站在窑背上，将主人准备好的小馍馍和零钱，向院子中的人们撒去。抢到的就意味着福气大。在嬉笑声中，匠人将留下的那块石头或砖块砌上，合龙口就算完了。

■ 窑洞生活

■ 窑洞装饰

财，争运固气，家丁兴旺。

另外还要辟离庙宇、坟墓、尖山、窄、弯、险崖深沟、左堵右塞、背山浅薄等，认为在此修造居住会后代不旺，财破福浅。有的住宅建成以后，在大门外安一块"泰山石"的小石碑，俗称"镇宅石"，意即避邪。

窑洞的方位确定之后，就开始挖地基。挖地基前先确定窑洞类型。如果门前有沟洼，可用架子车把土边挖边推进沟里，这样扔土方便，就比较省力。

地基的大致形状挖成以后，就要把表面修理平整，当地人叫做"刮崖面子"。刮者的眼力、技艺、手劲和力气好的话就能在黄土上刮出美妙的图案。修崖面，崖面挖掘应略有坡度，并刮出波浪形图案。

地基挖成，崖面子刮好后，就开始打窑。打窑就是把窑洞的形状挖出，把土运走。打窑洞不能操之过急，急了土中水分大，容易坍塌。

窑洞打好后，接着就是镟窑，或叫"剔窑""铣窑"。把打好的窑洞进行细加工，使其形状规整，窑壁光洁。从窑顶开始剔出拱形，把窑帮刮光，刮平整，这样打窑就算完成了。

等窑洞晾干之后，接着用黄土和铡碎的麦草和泥，用来泥窑。泥窑的泥用干土和才有筋，泥成的平面光滑平顺。湿土和的泥性黏不好用。泥窑至少泥两层，粗泥一层，细泥一层，也有泥三层的。日后住久了，窑壁熏黑，可以再泥。

当窑洞拱形门正中最后一块砖放上去就要全部完工了。也叫合龙口。完工时要举行很隆重的庆贺仪式，主人要在窑里外贴红色的剪纸，门口贴对联，还要放鞭炮。村中亲朋好友将前来贺喜，主人则请他们喝酒吃肉，自有一番热闹。

合龙口一般在中窑举行，即在套顶时在中窑窑顶留下一块石头的缺口，谓龙口。

要在合龙口石头旁挂一双红筷子，一管毛笔，一锭墨，一本皇历，还有主人准备一个装有小麦、谷子、高粱、玉米和糜子的红布袋，以及五色布条、五彩丝线，这一切都有讲究，也就是祈求文星高照、家庭和睦、六畜兴旺、五谷丰登、丰衣足食等。

中窑两边贴红对联，多写"合龙又遇黄道日，修建正逢紫微星""风抬头三星在户，龙合口五福临门"等。

在此之前，主人还要跪在中窑口前进行"祭土"，也有叫"谢土"的，即主人端着放有香、黄裱、酒壶、酒盅、米糕奠酒，献食叩头。待时辰一到，匠人把准备好的物什放入合龙石下抹上砌好。

此时，鸣放鞭炮，也有吹奏唢呐助兴，匠人站在中窑顶上一边撒五谷杂粮、硬币、针包、糖、花生、很小很小如扣子大小的馍馍等，一边口中唱着合龙口的歌词，窑下的人群争着去捡拾，当地人称这为

■ 窑洞前的道路

"撒福禄"。

据说抢到硬币的人将交上好运招财进宝,而捡到针包的人日后一定会成为绣花能手。

仪式结束后主人宴请工匠和帮忙的亲戚朋友,酬谢他们的辛劳和庆贺窑洞主体的竣工。饭罢主人给匠工一块被面,其他小工亲朋一件汗衫、线衣等纪念品。来客或送贺幛,或念祝词,或送喜钱。

合过龙口,才做窑头,也就是在窑洞顶部安挑桩、压水檐石板、垫脑畔、倒窑石旋土、裱窑掌、盘炕、做锅台、垫脚地、粉刷、安门窗。

窑泥完之后,再用土坠子扎山墙、安门窗,一般是门上高处安高窗,和门并列安低窗,一门二窗。安门窗讲究"腰三漫四",一般讲究当天做好的门窗当天安装,而做好的门窗当日不安装,如果再安则要另择黄道吉日。

门窗安好后，主人贴红对联鸣炮祝贺。入住前，也有献土的风俗，在窑前焚香燃纸，叩头致诚。意为祈求窑洞平安、人畜太平。

接下来是盘炕和盘灶头。在进门一侧与山墙紧靠盘炕，如果是厨窑，灶头与炕相连相通，中间以木拦坎隔断，可利用做饭的余热烧炕，也可使炊烟通过炕排出烟囱。

门内靠窗盘炕，门外靠墙立烟囱，炕靠窗是为了出烟快，有利于窑洞环境，对身体好，妇女在热炕上做针线活光线也好。

新建窑洞内的炕、灶都修好后，在墙壁上还开挖一些方形的可以摆放物品的凹洞。在窑洞外用砖砌窗台和门。

**门楣** 就是正门上方门框上部的横梁，一般都是用粗重的实木制成。古代按照建制，只有朝廷官吏所居府邸才能在正门之上标示门楣，一般平民百姓是不准有门楣的，哪怕你是大户人家，富甲一方，没有官面上的身份，也一样不能在宅门上标示门楣。

■ 窑洞的正门

窑洞远景图

下面一道工序就是装修了。传统的装修较为简单、朴素，门窗普遍以黑色为主，桐油漆之。崇尚文化者，门楣上多书有"耕读传家""耕读第"字样，门外挂白布门帘。白麻纸糊窗，炕上铺苇席，用炕围纸糊上炕围。

经过这几步的挖掘修整，窑洞基本挖成。窑洞拱顶式的构筑，符合力学原理，顶部压力一分为二，分至两侧，重心稳定，分力平衡，具有极强的稳固性。为了住着放心，也往往在窑洞里使上木担子撑架窑顶。经过几辈人，风雨过来，几易其主，修修补补，仍可以居住。

**阅读链接**

石窑的修建与土窑不同。石窑洞的修建通常以3孔窑洞或5孔窑洞为一组修建的较多，4孔、6孔较少，意在回避"四六不成材"的俗语。窑洞一般深8米至12米，宽高为3米左右。

选定窑址后，一般先劈山削坡，开出一片平地，作为工地和未来的庭院。随后依着山壁挖出深1.5米的巷道做地基，俗成窑腿子，如果是三孔窑就要挖4条窑腿子。一般中腿窄，边腿宽。然后用石头把地基砌起1.5米高的石头墙，也叫起腿子。

接着便用木椽搭建成半圆形的拱形架子作为窑坯子，在架子上放上麦秆、玉米秆等覆盖物，再抹上泥巴紧固，这道工序称为支穴。

另一种则是在依靠山坡底，生挖出窑洞形状的土坯子，然后在土坯子上插石修建，这种工序称为"饱穴"。

等到合龙口后，再慢慢挖出土坯子，称倒窑石旋，土挖尽新窑即成。接着在搭建好的坯子上插石头片子，即坂帮。最后搬掉木椽架子，石窑的雏形便显现。

# 窑洞的建筑装饰

　　窑洞以实用为主，建筑的布局、空间构成、尺度、防护性能、装修构造等都是从实用出发的。但随着实践的深化，人们逐步按照朴素的美学理念对其进行修饰，做到了实用性和艺术性的完美结合。

　　窑洞的装饰以农耕文化的古拙、淳朴为显著特点。

　　窑面的装饰，以拱头线分隔为两部分。拱头线多做简单处理。石头做成的拱头线以雕刻细纹显得稳固、大方；下沉式土窑拱头线多以草泥抹面，做成单边或双边，有的做成狗牙状，配在圭角形或鸡心形的券口上，显得简朴别致。

　　窑面多种多样，能工巧匠多在窗棂上下功夫，以如意、万字、工字、水纹为基本纹样，追求吉

■ 窑洞全景图

农耕文化 指由农民在长期农业生产中形成的一种风俗文化，以为农业服务和农民自身娱乐为中心。农耕文化集合了儒家文化，及各类宗教文化为一体，形成了自己独特的文化内容和特征，但主体包括语言、戏剧、民歌、风俗及各类祭祀活动等，是我国存在最为广泛的文化类型。

利，做出许多花样，一为透光需要；二为美化。拱头线以上的窑檐多以石料或木料做出石板挑檐、木瓦挑檐、带柱廊檐等多种窑檐式样。

窑洞的细部装饰，从立面至平面，从大门至室内，实际上是一种匠工艺术。石作、砖作、木作、纸作是主要的几个方面。

石作和砖作从石狮、抱鼓石、石础、影壁，直至立面的拱头线、挑檐、女儿墙等，多精雕细刻成以福、禄、寿为题材的吉祥图案。木作则集中于门楼举架雕刻、窗棂纹样等方面。

这里所说的纸作是以窗花、窑顶花、炕围画、吊帘、门神等可临时更换的装饰。每遇春节，红色的对联、窗花等点缀在青灰色的背景间，另是一番景致。

窑洞民居的色调也是构成窑洞与大自然和谐美的重要一端。黄色和青灰色是窑洞的两种主色调。黄土本来是窑洞建筑的基本材料，长期以来，中华民族形成了黄土造人的黄土崇拜观念。所以黄色是窑洞建筑的主色调之一。

一般来说，窑洞院落，包括院墙、窑洞帮墙、背墙、窑背脑在内，不论是土窑，还是泥窑或

■ 青灰色墙面

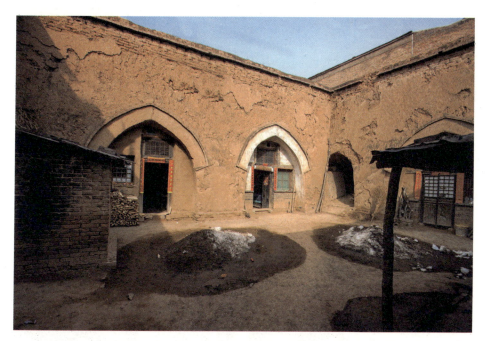

■ 陕北窑洞院落

者砖拱窑，都完全由黄土"包装"而成。其原因，当然首先是有就地取材之利，但同时也包含着黄色为吉色的观念。这是一种类型。

由于经炼制的砖瓦和作为黄土高原有机组成部分的基岩为料的石块也是青灰色，所以聚落的主色调是青灰色也就非常自然了。

青灰色给人以坚固、沉稳、大气的视觉感受，在黄土和绿色植被的衬托下，显得协调统一。

窑洞民居大多独门独院，建筑装饰处理都集中在人们的视觉焦点上，其形式大多表现为木雕、砖雕、石雕、门窗、彩绘纹样、剪纸、炕围画等。

窑洞虽以土方建筑为主，但也有许多窑洞与木构结合和纯木结构建筑，其木雕装饰主要体现在梁枋、雀替、梁托、枊墩、斗拱、垂柱、花板、栏杆、门簪、垂花等部位。这些木构件在起到其本身的结构功

如意 其起源与我们日常生活中俗称为"不求人"的搔背工具有着密切的关系。最早的如意，柄端作手指之形，以示手所不能至，搔之可如意，故称如意，俗叫"不求人"。陕西扶风法门寺地宫中曾出土一柄佛僧如意，银质鎏金，首为云头，柄为直柄。

■ 民居窑洞

能外，其木雕饰又丰富了建筑形象，增加了建筑艺术的表现力，从而使技术与审美达到和谐统一。

窑洞木雕因其构件部位不同而采用相应的工艺表现与技法，采用各种变化丰富和精巧的图案，表现出雕饰的明快和木质的柔美风格。

窑洞的木雕图案主要以植物、动物、祥云、文字、琴、书等为内容，表现了人们对美好生活的向往和追求。如"狮子滚绣球"，象征人世的权势、富贵，也有镇宅驱邪之意，有喜庆、吉祥意念；"凤凰戏牡丹"象征荣华富贵；"草龙"象征了神圣、力量、吉祥与欢腾之意。

砖雕是模仿石雕而出现的一种雕饰类别，比石材质地软且相对较轻，易加工成型，而且比较经济，所以在民居建筑装饰中被广泛采用。窑洞主要用它做脊

**瓦当** 俗称为瓦头，是古建筑的构件，起着保护木制飞檐和美化屋面轮廓的作用。不同历史时期的瓦当，有着不同的特点。瓦当的图案设计优美，字体行云流水，极富变化，有云头纹、几何形纹、饕餮纹、文字纹、动物纹等，为精致的艺术品。

饰、吻兽、瓦当、墀头、影壁、神龛等建筑部位。

脊是民居屋顶上两个坡面顶相交而产生的高端的结合部和分水线，具有稳定房屋结构、防止雨水渗透的功能，除此之外，它还有协调房屋体量，增强建筑高大、端庄的视觉审美功能等作用。

脊端是以砖、瓦封口，为了避免长长的屋脊线带来的单调感，屋脊自然而然地就成为了户主、匠人们乐此不疲的装饰地。于是就有了"五脊六兽排三瓦，倒插飞檐张口兽"的说法，对脊饰装饰的繁简精细程度也能够反映出户主的社会地位和经济实力。

牡丹、莲花、蔓草、云纹，几何图案等纹饰常常是窑洞屋脊砖雕的主题形象。

吻兽，又称脊吻，是安放在正脊两端的兽形装饰物。我国传统古建筑在等级规模上有9样8种规格，在等级较高的建筑中，这种装饰物称为正吻，是张口向内的龙形。

**吻兽** 即螭吻，是龙生九子中之一，平生好吞，即殿脊的兽头之形。这个装饰现在一直沿用下来，在古建筑中，"五脊六兽"只有官家才能拥有。泥土烧制而成的小兽，被请到皇宫、庙宇和达官贵族的屋顶上，俯视人间。这些东西在老百姓眼里如凶神恶煞一般，是作威作福的象征。

■ 正脊两端的吻兽

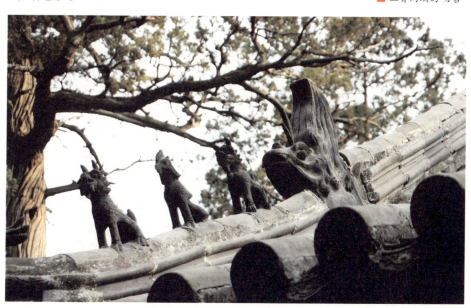

**墀头** 古代建筑中，硬山式建筑的一个组件。其位置在山墙与房檐瓦交接的地方，用以支撑前后出檐。墀头通常做法从上到下依次为戗檐板、二层盘头、头层盘头、枭砖、炉口、混砖、荷叶墩。墀头一般在北京四合院比较常见。

在较低等级的建筑中，才称为兽吻或吻兽，兽头向外。兽吻，本是建筑结构的一个部分，有防火之用。在古建筑上，一旦做上兽吻，就表示着整座建筑从底到顶全部完成。

据当地居民介绍，兽吻还有显示官位身份的装饰作用，即做官的人家，官位达五品以上，脊兽张口，五品以下者，则为闭口兽。

瓦当指的是屋面筒瓦最下端的一个防水、护檐构件，同时它还兼具装饰作用。有的也用在墙体檐口上。窑洞民居中的瓦当形式单一，其雕饰图案以虎头、狮头饰样为主，少数刻有花饰图案。滴水安放在屋面青瓦最下端出檐处的一种排水构件。形似为下垂的如意形舌头，上面雕饰花纹图案。

墀头，专指房屋两山墙或大门两侧悬挑在外、经过涂饰的墙头。民居中墀头的装饰感和雕饰感极强，在门楼中是比较抢眼的装饰构件之一。实际上，墀头

■ 陕北窑洞

在建筑中有着不可忽视的结构功能——承重、传力。

　　墀头用砖砌成，根据陕北民居中墀头的形式，可分为戗檐、盘头、上身、下碱4个部分。戗檐，微向前倾斜，挑砖送出，表面上贴一块方砖，是墀头的重点装饰部位，上面雕饰的都是带有象征意义的图案。

　　墀头局部的长短尺度因各家各户而有差异，有实力的人家还在盘头下部继续做雕饰，而且还相当讲究精细，宛如建造的小房子一般。细看饰有滴水瓦当，四角上翘，叠层刻有连花瓣、蔓草文的图案，中部主体三面雕刻，装饰图案内容多是寓意福禄祯祥、子孙兴旺、富贵不断的美好愿望。

　　窑洞影壁的造型可分为3部分，即壁顶、壁身、壁座，这里主要讲其砖雕装饰。壁顶的作用和房顶一样，一是作为墙体上面的结束；二是伸出檐口以保护壁身。

　　虽然壁顶面积不大，但上面依然铺筒瓦，中央有屋脊，正脊两端有脊兽，檐口以下有椽子和斗拱，具有与屋顶一样结构及其装饰。壁

精美的民居

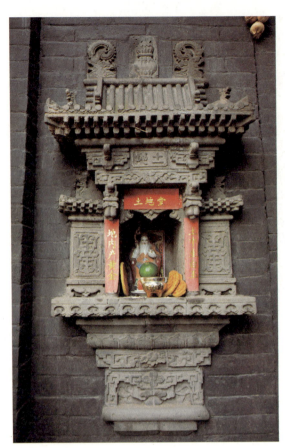

土地宫

地内产丰
土地宫

■ 神龛里供奉的土
地爷

身是影壁的主体部分，占整座影壁的绝大部分，是装饰的重点部位。

从整体装饰的内容来看，窑洞院落的影壁，主要有植物花卉、祥云、五富捧寿、各种兽体、几何纹样、象鼻砖雕斗拱等，题材广泛，内容丰富。所用的题材多和建筑的背景内容有关。

不管什么样的纹饰组合，大多是寄托户主美好的愿望，或是叙述故事，或取吉祥寓意。壁座是整座影壁的基座部分，考究者用须弥座的形式。

在窑洞，几乎家家都供奉有神龛，一般供奉在院落大门过道的侧墙上、影壁壁身的正中心或窑脸两窑口之间。神龛尺度不大，但造型大多比较讲究，雕工装饰精细，宛如一个缩小比例的建筑模型。

神龛里面供奉的是土地爷，在陕北，面朝黄土背朝天，祖祖辈辈依靠土地为生，粮食就是老百姓的命根子，再多的神灵庇护都不如土地神的现管来得实际，所以各家各户都热诚供奉土地神，祈望来年好收成。

因陕北黄土高原的特殊地质条件，而盛产绿砂岩和灰砂岩，其质地比花岗岩要软，质地细腻，较容易雕刻，所以古城的石刻均采用砂岩，很少出现青石和花岗岩，砂岩石雕在汉代已经被运用。

　　主要用于墓室的墓门和墓壁上，内容广泛，反映了当时的社会生活、迎宾拜谒、祈求吉祥、狩猎农牧、乐舞百戏、神仙鬼怪、珍禽灵兽等。

　　抱鼓石又称门枕石，是紧挨墙体，立于大门两立框之下的石墩。属建筑构件，在结构上起加固门框的作用。露在门外面的基石部分或加工为方体的雕饰石，或者雕成圆鼓形的抱鼓石。

　　其雕饰或朴素，或繁杂，讲究一点的大户人家，抱鼓石雕饰得都相当精巧，鼓上雕刻两只立狮，鼓侧饰有"兽面衔环"，鼓面雕刻最为丰富，常见的主题有：二龙戏珠、二狮滚绣球、麒麟、蝙蝠、老翁等。

　　须弥座，是石鼓的底座。须弥座基本采用浅浮雕

■ 窑洞生活场景

精美的民居

■ 窑洞的窗棂

铺首 门扉上的环形饰物,以金做的称金铺;以银做的称银铺;以铜做的称铜铺。汉代寺庙多装饰铺首,以作驱妖避邪。后人民间门扉上应用亦很广,为表示避祸求福,祈求神灵像兽类敢于搏斗那样勇敢地保护自己家庭的人财安全。

的方法,在它的各个部分都附有不同的石雕装饰,内容各家略有不同,少数人家在须弥座的束腰部分雕有角兽或花柱,狮子、猴子是角兽的主题形象。

窑洞多以木柱为竖向的支撑结构,为了防止柱脚湿腐蛀蚀,下端常设石质基础。虽然在尺度、体量上有高矮大小之分,石质有花岗岩、砂岩或石灰岩之别,但形状都与其上部的柱形协调一致。

柱础石的雕饰面是连续的,或是圆形,或是方形,或是六面体,表面都雕刻有花饰。简单的柱础石只做成基石,讲究一点的大户人家做成须弥座与裙袱与鼓的形制。裙袱的处理方式和抱鼓石的手法一致,裙面刻有夔龙,周边饰有"富贵不断头"的纹样。

在门匾上题刻,是我国传统建筑的一个重要特点,用文字艺术表现建筑。在门楣上用什么书体、雕刻什么内容,颇为讲究。

一般窑洞门匾题刻名目内容非常丰富,或显要门第，如"武魁""进士""大夫第""功同良相""骑尉第"等；或取意吉祥或为展示追求，如"福禄寿""德寿轩""树德务滋""清雅贤居""安乐居"等。

窑洞铺首，被安置在门扇中央，适宜人手操作的高度上，是供来人扣门、主人锁门的实用性装饰构件。民居中常用铁制或铜制。

铺首的制作形式除了常用的"兽面衔环"外，还做成"五福捧寿""日月同辉""如意纹"等花饰纹样的图案。

窑洞门窗形式是拱形门连窗的形式，其做工精细、朴素大方，两侧做固定式门扇或做窗扇。门窗的木格图案的繁简程度与窑的主次划分有关系，正窑的门窗格饰是最复杂的，也是最讲究的，其他窑面的门窗格饰相对简单。

窑洞独特的拱券形式造就了窗棂形式的多样化，由于它处于窑脸的最体面的位置，故又极重视其美化作用。门窗棂主要由木结构组成，陕北和晋西北窑洞的满拱大窗最讲究装饰。门窗棂纹样中的各种图形，纵横交错，千变万化，有正方格的、斜方格的，有灯笼形的，

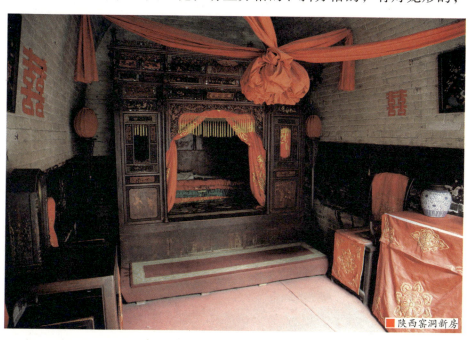

陕西窑洞新房

花样繁多。主要形式有正方格、"工"字格、"万"字格。

我国的窑居村落有丰富的民俗文化，其中剪纸艺术是家家户户喜欢和最为普及的民间艺术。

窑洞的拱形屋顶上一个圆形的由一些花围着的大喜字剪纸，那是窑顶花。剪纸的种类有窗花、炕壁花、窑顶花、神龛剪纸、婚丧剪纸等花样，在不同时间和场合贴不同的剪纸。

窑洞的窗户是窑洞内光线的主要来源，窗花贴在窗外，从外看颜色鲜艳，内观则明快舒坦，从而产生一种独特的光、色、调相融合的形式美。尤其是喜庆婚娶的人家，窗花特别丰富、精彩。

炕周围的三面墙上约一米宽的地方，贴着一些绘有图案的纸和由各种烟盒纸拼贴的画，他们称之为炕围子，十分好看。

炕围子是一种实用性的装饰，它们可以避免炕上的被褥与粗糙的墙壁直接接触摩擦，还可以保持清洁。为了美化居室，不少人家在炕围子上作画。这就是在陕北具有悠久历史的民间艺术——炕围画。也有剪纸能手，用剪纸来装饰炕围画的。

**阅读链接**

窑洞里盘炕就是造炕、打炕的意思。炕按大小和方位，有占窑洞一角而较小的棋盘炕，也有从窑窗至窑掌的顺山炕，但顺山炕是为了多住人，常供旅店、学生宿舍、兵营用。如盘掌炕，则窑多宽，炕多宽。

但炕之长短却有讲究："炕不离七（妻），门不离八。"也就是说炕长必为5.7尺，这讲究是为求吉利，一则"七"谐音为"妻"，昭示一家人生活和睦；二则"七"为奇数，为增长的数，寓子孙满炕，香火有人继承，故以"七"为吉，有些地方在炕面上留个"炕缝"，亦出于石榴多子的文化寓意。